WENSHI HUANGGUA
ANQUAN YOUZHI GAOXIAO
ZHONGZHI JISHU

温室黄瓜
安全优质高效种植技术

—— 北京市耕地建设保护中心　编著 ——

中国农业科学技术出版社

图书在版编目（CIP）数据

温室黄瓜安全优质高效种植技术 / 北京市耕地建设保护中心编著． -- 北京：中国农业科学技术出版社，2024.12． -- ISBN 978-7-5116-7055-7

Ⅰ．S642.2

中国国家版本馆CIP数据核字第2024BP8832号

责任编辑	李　华
责任校对	李向荣
责任印制	姜义伟　王思文

出 版 者	中国农业科学技术出版社
	北京市中关村南大街12号　邮编：100081
电　　话	（010）82109708（编辑室）　（010）82106624（发行部）
	（010）82109709（读者服务部）
网　　址	https://castp.caas.cn
经 销 者	各地新华书店
印 刷 者	中煤（北京）印务有限公司
开　　本	148 mm×210 mm　1/32
印　　张	4.625
字　　数	116千字
版　　次	2024年12月第1版　2024年12月第1次印刷
定　　价	65.00元

◆版权所有·侵权必究◆

《温室黄瓜安全优质高效种植技术》

编委会

顾　问：张连彦　贾小红　王维瑞　张敬锁　胡东风
主　编：陈　娟　高　飞　管西林
副主编：王铁臣　闫　实　于跃跃　赵凯丽　雷伟伟　安连任
参　编：（按姓氏笔画排序）

王　睿　王伊琨　王胜涛　王鸿婷　文方芳　石　然
冯　洋　刘　彬　刘　瑜　刘晓霞　刘继远　许俊香
李　娟　李　辉　李权辉　李彬彬　吴文强　何威明
张　玲　张　蕾　张卫东　张梦佳　张雪莲　张新刚
陈小慧　陈卫文　陈怀勐　陈素贤　范珊珊　季　卫
金　强　周　欣　周　洁　郎乾乾　赵　祥　赵国龙
胡　英　徐珍珍　高振新　郭　宁　崔天鋆　梁金凤
韩　宝　傅博鉴　赖　勇　樊晓刚　颜　芳

前　言
PREFACE

　　黄瓜富含多种维生素及矿质营养，是一种经济价值、营养价值、药用价值较高的蔬菜。随着人们生活水平的提高和健康饮食观念的普及，人们意识到多食用富含健康成分的蔬菜是改善人体健康的适宜方式，黄瓜的消费量也逐年增加，市场需求持续增长。黄瓜在冷食制作、烹饪、腌渍等多种食品制作中的广泛应用，促使黄瓜产业逐渐从产量型转向风味品质型。优良品种的选育、栽培模式的改善、田间管理技术的提升对提高黄瓜的风味品质、满足不断发展的市场需求尤为重要。

　　黄瓜具有生长周期短，适应能力强，结果早、收益高等特点，在世界范围内广泛种植。中国黄瓜年产量占全球总产量的40%以上，甚至在某些年份超过70%（2020，FAO）。近年来国家高度重视农业产业发展，政府、科研院所投入更多的资金和项目，新品种、新技术不断涌现，推动黄瓜产业不断地向绿色、生态、优质、高效的方向发展。然而，黄瓜产业的发展尚存在一些问题。第一，我国黄瓜种植单产相对较低，田间管理水平差异较大，缺乏科学规范的生产管理技术；第二，施肥不合理，肥料利用效率低，对黄瓜品质也造成不良影响；第三，已有品种退化，新品种更新速度慢，品种抗病性较差；第四，缺乏绿色防控技术，这些问题都制约着黄瓜产业发展以及竞争力的提升。

　　2016年以来，立足都市农业，编者进行黄瓜等蔬菜作物高产、优质、安全、绿色的技术创新与示范推广，揭示了黄瓜养分吸收规律，创建了控释肥基质育苗技术、根区养分调控技术、水肥一体化技术、生物刺激素提质增效技术以及设施温室环境调控技术等田间高效栽培配套技术，筛选了适宜京郊推广种植的新品种，形成了黄瓜高产优质生产技术规程，解决了黄瓜育苗养分过量、生育期养分分配不合理、田间管理不规范、病虫害防治和品种退化等问题。在农田中开展科学研究，通过试验将理论和实践结合起来，努力解决黄瓜生产各个环节遇到的问题，进行黄瓜的栽培技术创新，以入户指导、试验示范、网络学校、田间学校培训等方式，为农户提供"零距离、零时差、零门槛和零费用"的服务，真正做到研究的技术和方法更符合生产实际，更有利于农户接受和应用先进栽培技术，加快农业技术到生产实践的转化，提高农业生产力和经济效益。

本书系统总结了黄瓜的生长特性、生长发育的过程以及全生育期的养分管理和设施环境调控技术。全书共分为7章，第一、二章主要介绍了黄瓜产业发展现状、存在问题以及生长特性；第三章主要对黄瓜优质栽培管理技术进行了总结；第四章主要介绍了黄瓜高产高效水肥管理技术；第五章介绍了温室黄瓜主要病虫害绿色防控技术，主要对主要病害、虫害和畸形果的防控技术进行系统总结；第六章主要总结了优质黄瓜温室环境调控技术；第七章主要归纳了黄瓜的高效优质生产技术规程。本书针对黄瓜新品种选育、水肥管理、栽培管理和病虫害症状及防治等问题插入彩图100余张。本书可供广大的黄瓜种植者和相关研究工作者清晰直观地参考学习使用。

编 者

2024年10月

目 录
CONTENTS

第一章 我国黄瓜产业的发展现状与问题 ……………… 1
  第一节 黄瓜的起源与营养价值 ……………………… 1
  第二节 我国黄瓜栽培的发展现状和特点 …………… 4
  第三节 我国黄瓜产业发展存在的问题 ……………… 6
  第四节 我国黄瓜产业未来发展趋势 ………………… 8

第二章 黄瓜的生长特性 ……………………………… 11
  第一节 黄瓜的生物学特性 …………………………… 11
  第二节 黄瓜的"一生" ……………………………… 19
  第三节 黄瓜生长发育对环境的要求 ………………… 24

第三章 黄瓜优质栽培管理技术 ……………………… 29
  第一节 温室黄瓜品种选择技术 ……………………… 29
  第二节 主栽黄瓜品种 ………………………………… 30
  第三节 设施黄瓜栽培茬口 …………………………… 38
  第四节 设施黄瓜基质育苗 …………………………… 41
  第五节 嫁接育苗 ……………………………………… 48
  第六节 整地作畦 ……………………………………… 53
  第七节 地膜覆盖 ……………………………………… 54
  第八节 定植移栽 ……………………………………… 55

第九节　温室黄瓜温湿度调控 …………………………… 58
　　第十节　温室黄瓜田间管理 ……………………………… 61

第四章　黄瓜高产高效水肥管理技术 …………………………… 64
　　第一节　温室黄瓜养分吸收规律 ………………………… 64
　　第二节　温室黄瓜缺素症状及防治措施 ………………… 70
　　第三节　温室黄瓜水肥精准调控技术 …………………… 77
　　第四节　温室黄瓜生物刺激素提质增效技术 …………… 88
　　第五节　温室黄瓜有机物料合理使用技术 ……………… 95

第五章　温室黄瓜主要病虫害防治技术 ……………………… 105
　　第一节　温室黄瓜主要病虫害绿色防控技术 ………… 105
　　第二节　温室黄瓜主要病虫害科学用药技术 ………… 107

第六章　黄瓜优质栽培设施调控技术 ………………………… 113
　　第一节　温室黄瓜补光技术 …………………………… 113
　　第二节　温室黄瓜转光膜提质增效技术 ……………… 117
　　第三节　灾害性天气防范技术 ………………………… 118

第七章　温室黄瓜高效优质生产技术规程 …………………… 125
　　第一节　春茬黄瓜高效优质生产技术规程 …………… 125
　　第二节　秋黄瓜高效优质生产技术规程 ……………… 129
　　第三节　冬春茬黄瓜高效优质生产技术规程 ………… 132

参考文献 ………………………………………………………… 137

第一章

我国黄瓜产业的发展现状与问题

第一节 黄瓜的起源与营养价值

黄瓜（*Cucumis sativus* L.），属葫芦科一年生蔓生或攀缘草本植物，别名王瓜、胡瓜、青瓜，是世界上普遍栽培的一种瓜类作物，在全球蔬菜供应中具有举足轻重的作用。黄瓜的原产地大概在印度东北部，早在3 000年前印度就已经开始栽培黄瓜。公元9世纪，法国人开始种黄瓜。公元10世纪，日本就已经有黄瓜种植的记录。1494年是黄瓜传播时间轴上最重要的节点之一，这一年，哥伦布把黄瓜带到美洲。1535年，加拿大人开始种黄瓜。1584年，黄瓜在美国弗吉尼亚州普及。1609年，美国马萨诸塞州的农民开始种植黄瓜。

我国黄瓜的种植历史也十分悠久，黄瓜在古代分两路传入我国。一路从波斯的巴库托利亚由丝绸之路经新疆传到我国北方，经驯化形成华北系黄瓜；另一路是从印度和东南亚等地经水路（海路）传入华南，经驯化形成华南系黄瓜。因此，现在的中国黄瓜分为华南型（长江以南）与华北型（黄河以北）。

黄瓜在我国种植至今有2 000多年的历史，唐朝时期黄瓜已成为南北普遍栽培的蔬菜。目前黄瓜作为我国重要的蔬菜作物之一，种植区域广泛，在全国各地均有种植，主要产区包括河南、河北、山东、湖南、辽宁、湖北等，也是我国保护地栽培面积最大的蔬菜作物（崔兴华，2023）。自1970年以来，我国黄瓜种植面积和产量一直处于世界首位，且逐年增加（孙玉河，2003）。

黄瓜（图1-1）富含蛋白质、糖类、维生素B_2、维生素C、维生素E、胡萝卜素、烟酸、钙、磷、铁等营养成分（表1-1），具有清热解毒、健脑安神、降血糖、减肥强体等功效。中医认为，黄瓜性凉，味甘，有小毒，入肺、胃、大肠经，清热利水，解毒消肿，生津止渴。适用于身热烦渴，咽喉肿痛，风热眼疾，湿热黄疸等症状。《日用本草》提到黄瓜"除胸中热，解烦渴，利水道"。

图1-1 黄瓜果实

表1-1 每100g黄瓜中营养含量

营养元素/矿质元素	含量	营养元素/矿质元素	含量
蛋白质	0.6~0.8g	胡萝卜素	0.2~0.3mg
脂肪	0.2g	维生素B_1	0.02~0.04mg
糖类	1.6~2.0g	维生素B_2	0.04~0.4mg
钙	15~19mg	维生素C	4~11mg
磷	29~33mg	烟酸	0.2~0.3mg
铁	0.2~1.1mg	灰分	0.4~0.5g

来源：王惟恒和王君（2011）。

黄瓜不仅营养丰富，且具有多方面健康功效。

一是黄瓜中含有的葫芦素C，具有提高人体免疫功能和抗肿瘤作用，此外，该物质还可治疗慢性肝炎和迁延性肝炎，对原发性肝癌患者具有延长生命的作用。

二是黄瓜富含的葡萄糖苷、果糖等不参与糖代谢，因此糖尿病人食用黄瓜充饥，不会提高血糖含量，甚至可以降低。黄瓜中所含的丙醇二酸，可抑制糖类物质转变为脂肪。此外，黄瓜中的纤维素对促进人体肠道内腐败物质的排出和降低胆固醇有一定作用，能强身健体。

三是黄瓜含有丰富的维生素E，具有延年益寿、抗衰老的功效；黄瓜中的黄瓜酶具备很强的生物活性，可以有效促进新陈代谢，黄瓜汁有润肤、舒展皱纹的功效。

四是黄瓜富含丰富的维生素B_1，可以改善大脑和神经系统功能，能安神定志，具有辅助治疗失眠的功效。

五是黄瓜的种子、根、藤和叶等也都是治病良药。

第二节　我国黄瓜栽培的发展现状和特点

一、栽培面积不断扩大

我国是全球最大的黄瓜生产国，近年来黄瓜种植面积长期占据全球黄瓜总面积的五成以上。据联合国粮食及农业组织（FAO）统计，2020年世界黄瓜生产总面积226.1万hm^2，总产量9 125.8万t。其中，我国黄瓜生产面积为128万hm^2，产量7 283.3万t，总产量和种植面积分别占世界的79.8%和56.6%。华北地区是我国黄瓜的首要生产重地，其播种面积占全国黄瓜种植总面积的50%以上。同时，华中和华南两大区域也展现出较大的黄瓜种植规模，分别约占全国黄瓜播种面积的15%和13%。东北地区凭借其多层覆盖的大棚技术和日光温室系统，成功培育出适应本地环境的黄瓜品种，播种面积约占全国的7%。西南地区地处高原，复杂多变的气候与地理环境为黄瓜栽培提供了多样化的条件，黄瓜播种面积约占全国的8%。

二、市场消费需求增大

随着消费者对品质、营养和安全要求的不断提高，推动了有机黄瓜、无公害黄瓜等高品质产品的兴起。同时，迷你黄瓜、无籽黄瓜等新品种也满足了消费者对不同口味和品质的需求。黄瓜在冷食制作、烹饪、腌渍等多种食品制作中的广泛应用，也进一步推动了其市场的发展。黄瓜作为一种低热量、高纤维、富含维生素和矿物质的蔬菜，符合现代人的健康饮食观念。因此，黄瓜的消费需求有望持续增长。全球人口的增长和城市化进程的加快，将进一步推动黄瓜市场需求的增长。特别是在城市化进程中，居民对蔬菜的需求可能会持续增加，为黄瓜行业提供更多市场机会。

三、种植技术不断创新发展

随着现代农业技术的发展，黄瓜的种植技术不断提高。温室种植、水培技术、智能农业等技术的应用，使黄瓜能够全年稳定供应市场，减轻了季节和气候对黄瓜生产的影响。这些技术的应用不仅提高了黄瓜的产量，还提升了黄瓜的品质。科学家通过品种改良和遗传育种技术，培育出更耐病虫害、适应性更强、口感更佳的黄瓜品种。未来，随着健康食品趋势的推动和农业科技的不断发展，黄瓜行业有望实现持续增长。

四、栽培结构不断优化

黄瓜栽培结构由以往的平面栽培逐渐转向立体栽培，主要是由于设施栽培已经取代了传统的露地栽培，通过大面积立体栽培技术的推进，黄瓜植株数量能够保持稳定的水平，黄瓜产量才会得到有效提升。尤其在搭架栽培方式的科学实施与规划中，黄瓜单株距离得到有效控制。对于大面积黄瓜栽培区域来讲，黄瓜植株数量与种植区域通风条件得到充分保障，有助于避免在黄瓜生长过程中各类病虫害的发生；而当各类病虫害发生后，通过合理的防控手段进行调整，能够降低农药的使用次数，进一步确保黄瓜种植的质量。

第三节　我国黄瓜产业发展存在的问题

一、自主创新品种突破困难

近年来，我国黄瓜品种登记数量呈现逐年递减的发展态势，由2018年的649个品种逐年减少到2021年的108个，减少幅度达83.61%。究其原因，一方面是随着居民生活水平的不断提高，人们对食物品质和营养价值的要求越来越高，进而对黄瓜品种的选育要求也越来越严格。除在丰产性、抗病性、抗逆性、轻简性、广适性等方面表现突出外，还要在果形、颜色、口感、营养、光泽度、坚韧度等方面符合人们的现代消费理念。另外，受优质种质资源缺乏、特色资源挖掘不足、现代育种技术未进入实用阶段等不利因素影响，导致黄瓜新品种选育进程偏慢，往往很难有突破性的新品种。

二、种植技术仍然有待提高

黄瓜种植规模日益扩大，技术上也逐渐趋向成熟，但在某些地区，仍然存在技术普及不充分或科技支撑力度不够以及管理盲目的问题。我国黄瓜种植依然以相对分散的小农户经营模式为主，田间管理技术大多依赖传统的种植经验，专业的技术服务供给不足，缺乏一套完整的黄瓜生产技术指标体系，这使标准化生产管理难以实施。农户之间的管理水平差异较大，生产过程中的随意性较高，对于优质安全无公害的栽培理念尚未给予足够的重视，对于新技术和新方法的接受速度较慢，导致黄瓜的产量和质量均不稳定，难以满足市场对优质果品的需求，进而制约了黄瓜产业的进一步发展和经济效益的进一步提升。在实际生产过程中，应当加大栽培技术的推广力度，广泛普及科技管理知识，成立技术服务团队或聘请专业技术人才进行现场生产指导，逐步提升农户的生产管理水平，从而改善黄瓜的品质。

三、病虫害防治意识不强、防治方法不当

1. 过度使用农药

一些种植者在防治病虫害时，过度依赖化学农药，导致农药残留超标，影响黄瓜的品质和安全性。同时，长期大量使用农药还可能破坏生态平衡，影响土壤和环境的健康。

2. 忽视农业防治

农业防治是病虫害综合防治的重要组成部分，包括选用抗病虫品种、合理轮作、加强栽培管理等措施。然而，一些种植者忽视了这些措施的重要性，导致病虫害频发。

3. 防治时机不当

病虫害的防治需要掌握合适的时机，如发生初期进行防治效果最佳。但一些种植者往往等到病虫害已经严重为害黄瓜生长时才进行防治，此时防治效果已经大打折扣。

四、肥料投入不合理，效益难以提高

有机肥施用品种单一，生产中仅用鸡粪，质量差，一般不经发酵就直接施入田间，造成后期发酵烧苗、地下害虫滋生等，多年连续使用导致土壤板结等现象发生。农民长期以来不合理且盲目地过量施用化肥，不仅增加了农业生产成本，还降低了肥料的

利用效率，并引发了严重的环境污染问题。农户施用的氮肥、磷肥过量，而钾肥的投入不足。目前，大多数农户仍然主要依赖经验进行施肥，错误地认为施肥越多，作物生长就越好，产量就会越高。在采用测土配方施肥技术时，许多农户没有严格按照作物的需肥规律和土壤肥力状况来施肥，没有做到精准补充土壤所缺的养分及适量施肥，而是继续沿用以往的做法，仅凭经验施肥，导致施肥效果不佳，普遍存在盲目施肥的现象。化肥过量施用带来一系列问题，一方面，温室气体排放量高；另一方面，化肥中的氮、磷等元素可能通过雨水径流进入水体，导致水体富营养化。富营养化会引发藻类大量繁殖，消耗水中的氧气，导致水质恶化，影响水生生物的生存；此外，还可能造成土壤盐碱化，降低土壤肥力。

第四节　我国黄瓜产业未来发展趋势

一、加快黄瓜优良新品种选育与推广

经过多年发展，我国黄瓜生产总量已满足需求。面对土地压力和劳动力减少，提高单产和品质成为重点，同时消费者更重视食品安全和品质，对黄瓜新品种选育提出更高要求。在种质资源方面，需深入收集和鉴定优异资源，开展基因研究和前瞻性研究；在育种技术方面，应结合现代生物技术与传统技术，加快选育进程；在商品性方面，应选育光泽好、短瓜把、刺瘤密集的新品种；在植株性状方面，需选育叶片适中、雌性强、节间短、抗病强的新品种；在新品种推广方面，应因地制宜，从产业可持续发展角度推广新品种，做大做强黄瓜产业。

二、注重病虫害防治，发展绿色蔬菜

为了达到无公害蔬菜的要求，针对目前对黄瓜抗病能力的高度重视，以及黄瓜栽培绿色防控技术的应用，要加强对病虫害的防治，需要以黄瓜生长需求为基本条件并结合综合防控措施，对黄瓜的健壮发育具有一定的保障效果。所以，针对黄瓜在实际生长发育的过程中其生命周期较长，易发生病虫害累积的特殊状况，要利用科学化的病虫害防范和治理方法，选择高抗且多抗品种，对播种和土地加以消毒，以物理、生物联合防治的手段降低病虫害的发生；也可以适当使用化学防治方法，在最恰当的适用时期，选取高效、低毒、低残留的农药，以此确保黄瓜生长过程中的安全性。这样一来既能提升病虫害防治效果，减少对化学农药的依赖性，又能确保黄瓜生产的质量。

三、机械化种植管理

黄瓜栽培技术从育苗开始到收获完成的整个过程中，所经过的环节和工艺都相当烦琐，而且由于在田间劳动强度很大，在传统黄瓜栽培的整个过程中，人工栽培方法不能取得相应的栽培效益，再加上所投入的劳动力也相当大，无形之中提高了黄瓜生产的成本，生产效益无法达到理想的状态，同时也会影响到黄瓜的产量。现如今通过使用各种农业机器，不但可以有效解决人工问题，还可以有效减轻生产黄瓜的劳动强度，劳动效率得到了有效提高，对提高黄瓜产量起到相应的促进作用。

四、科学的水肥管理技术体系

基于黄瓜养分吸收规律的水肥调控技术是确保黄瓜品质的关键措施。科学的水肥管理技术体系涵盖以下几个方面，在黄瓜生长的前期，采用控释肥基质进行育苗，以促进幼苗的健壮生长；在生长的中后期，则根据黄瓜的实际需求，优化氮、磷、钾的比例、用量以及施用时期，确保养分供应的适时适量。此外，采用少量多次的施肥方式，可以更精准地满足黄瓜在不同生长阶段的需求。

科学的水肥管理技术能够最大限度地发挥肥料的生产潜力，不仅有助于提高黄瓜的产量，还能显著改善其品质。通过精准调控水分和养分的供给，黄瓜的生长环境得以优化，从而使其生长更加健壮，口感更佳，营养价值也更高。因此，在黄瓜种植过程中，科学的水肥管理技术是不可或缺的重要环节。

第二章

黄瓜的生长特性

第一节　黄瓜的生物学特性

一、根

黄瓜的根分为主根、侧根、须根和不定根（图2-1）。主根是由胚根发育而成的，主根上分生的根为一级侧根，一级侧根近主根的部位分生出二级侧根，二级侧根粗壮的部分分生三级侧根。所有主根、侧根纤细部分分生的根称须根，在根颈以上茎部分生的根称不定根。这些根的生长会因环境条件的不同而有差异。如茎部不接触土壤及温度和湿度等条件不适宜时，就不会发生不定根；相反，当茎部埋入土中，同时有较高的温度和湿度等条件时，不定根则会大量发生。尤其是主、侧根受到损伤后，不定根会更快地发展起来。黄瓜直播，主根多直向土壤的深层生长，可深达60~100cm，而侧根特别是一级侧根则向四周水平伸展，侧根、须根以及不定根，多分布于近地面0~35cm的土层内。但经育苗移栽的黄瓜，主根往往被折断或弯曲，侧根会更加横向生长，使之成为浅根系的蔬菜。

  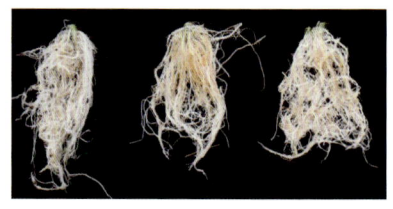

图2-1　苗期和盛果期黄瓜的根系

黄瓜的根加粗生长能力较弱，根比较纤细，而且木栓化早，较脆，易断，再生能力差，因此，黄瓜育苗移植需及早进行。幼苗子叶完全展开长到最大、初见第1片真叶、根系较少、根白色柔嫩未木栓化时，为黄瓜移苗的最佳时期。黄瓜幼苗抽蔓长出卷须，根色加深成黄白色或浅褐色，根系已开始木栓化，断根后难发新根，此时若不带土移植，成活率将很低。

黄瓜的根系入土分布较浅，主要分布于表土以下25cm左右，20cm内更为密集，侧根横向伸展，主要集中于半径30cm左右。这就导致根系抗旱力、吸肥力较弱，要求在黄瓜高产栽培中要充分注意黄瓜"喜水不耐涝"的特性，增施有机肥，深松土壤，为根系创造一个适宜的土壤环境；同时黄瓜根系木栓化比较早，断根后再生能力差，因此在育苗移栽过程中，要注意根系的培养与保护，幼苗期不宜过长，采用穴盘、营养钵或育苗块等方式进行护根育苗，并在定植后的缓苗期、蹲苗期采用中耕松土、点水诱根等措施促进黄瓜根系的生长。为了进一步提高黄瓜根系对水肥的吸收利用能力和对土壤逆境如低地温、土传病害、连作障碍等的抵抗能力，要采取嫁接换根的农艺措施。

二、茎

黄瓜茎为蔓性（图2-2）。茎的第1～4节节间短，无卷须，直立生长，一般少着生花。第4节以后，节间开始伸长，而且节有卷须，不能直立，需攀附在支架上生长。黄瓜茎每节都长有一片叶，叶柄长，叶片大。在自然条件下，不能自然而合理地分布茎蔓和叶片，而且茎蔓和叶片脆弱，容易折断或磨伤。第4片叶以后，每片叶的叶腋着生有卷须、腋芽及雄花或雌花。茎的长度取决于黄瓜类型、品种和栽培条件。

图2-2 苗期和初果期黄瓜的茎

黄瓜茎的横断面呈四棱形或五棱形，中心是不规则放射状的髓腔。外层是长有刺毛的表皮，皮层内是厚角组织。在表皮及髓腔之间，分散着大小不等的单独存在着的双韧维管束，维管束周围由薄壁细胞所充满。茎的木质部较小，木质部的导管也较少，但运输水分和养分的能力强。黄瓜茎的这种蔓性结构使其强度和韧性都很弱，容易折断，不能直立而要靠卷须攀附支架向空间伸展。

黄瓜成株的茎蔓呈五棱，中空，不能直立生长，为了提高土地利用率、充分利用光热资源、减少病害发生，早在20世纪30年代，我国即已实行搭架栽培，目前在设施栽培中普遍采用吊蔓栽培。黄瓜生长量大，株高一般4m左右，长季节栽培中可达到10m以上，鉴于保护地设施高度所限，也为了便于栽培管理，生产中要进行落蔓管理，目前生产中有原地盘蔓落秧和移位落秧两种方式，为了缩短落蔓后的歇秧期，建议采用后者。

三、叶

黄瓜叶分为子叶和真叶（图2-3）。子叶两边对生，呈长圆形或长椭圆形。子叶面积虽小，但在黄瓜生长发育的初始阶段有着十分重要的作用。子叶贮存和制造的营养物质是幼苗生长前期主要的养分来源。早期幼苗子叶受损伤时，不仅会使幼苗的生长受阻，而且会影响根系早期的发展，降低成株的生产能力。同时子叶的颜色、外形和寿命长短还是整个植株生长发育状况好坏的标志。

图2-3 不同时期黄瓜的叶

真叶互生，有叶柄和叶片。叶片掌状，浅裂。叶缘有锯齿状缺刻，表面有刺毛。叶片的大小因品种、叶位和栽培条件而异，叶片的长和宽多为10～30cm。叶片光合作用形成的有机营养物质是黄瓜生长发育所需物质的主要来源。黄瓜叶片的光合效能，即黄瓜在单位时间内制造干物质的量，等于叶面积与净同化率的乘积。叶面积又与植株密度、每株的叶片数、叶片的大小有关。净同化率则受品种、叶位、叶龄、环境条件的影响。一般黄瓜第15~25片真叶的净同化率最高。就1片叶而言，未展开时光合作用弱，展开后逐渐增强，展开后10~15d叶面积发展到最大的壮龄叶，净同化率最高。壮龄叶是光合作用的中心叶，应小心地加以保护。当叶龄30~45d后，其净同化率降低迅速，直至其光合作用制造的营养物质不足呼吸消耗，失去存在的价值。因此，生产上需及时摘除老叶。

四、花

黄瓜花为退化型单性花（图2-4），有雌花、雄花，偶有两性花。花冠均为黄色，花冠和花萼均为钟状，5裂。花萼绿色，有刺毛。雌花花冠和花萼下为子房，子房有3个心室，每室有胚珠2列，花冠中间为柱头，柱头较短，3裂。雄花的雌蕊退化，花冠中有雄蕊5枚，花药联合成筒状。两性花又称完全花，有子房、雌蕊和雄蕊。

图2-4 黄瓜的花

黄瓜花于黎明时开放。雄花花药一般在日出时开裂，散出花粉。花粉为浅黄色，圆三角形，有3个发芽孔，外膜较干，易吸湿，易被吸附。花粉的寿命较短，在高温期，开花4h后就失去活性。花粉在雄花开放前1d的下午已具有发芽能力。雌花在开放前2d至开花后1d内具有授粉受精的能力。黄瓜花为虫媒花。自然授粉时，通常由昆虫传粉于柱头的黏液上，吸水发芽。花粉管沿花柱的输导组织到达胚囊，并且通过胚囊孔和胚珠孔，进入胚珠，放出精子，通过双重受精，形成接合子和胚乳原核，从而完成受精过程。黄瓜从授粉到受精的全过程需4~5h，从开花到种子成熟约需40d。有些黄瓜品种的雌花不经授粉，子房也可正常膨大，结无籽瓜，这一现象称为单性结实。单性结实受遗传、环境和生育状况影响。

黄瓜多数品种在第1片真叶展开时开始花芽分化。每朵花在分化的初期都有雌蕊和雄蕊的初生突起，具有两性花的原始形态特征。在两性花分化过程中，因内源激素浓度的变化，使营养物质运转方向改变，当营养物质主要运往雌蕊时，则雄蕊退化，形成雌花；相反，则形成雄花；营养均衡供给时，则形成两性花。花芽分化的迟早以及雌花、雄花的多少，除与品种的遗传性有关外，还与环境条件有密切关系。黄瓜系短日照植物，在生长适宜温度的低限条件下，短日照有利于雌花的形成。此外，较高浓度的二氧化碳和乙烯利、萘乙酸、吲哚乙酸、矮壮素等激素都具有促进雌花分化的作用，而赤霉素等激素则促进雄花的分化。

五、果实

黄瓜的果实（图2-5）是子房下陷于花托之中，由子房与花托合并形成的。果皮实际上是花托的外表，可食的肉质部分则为果皮和胎座，所以在植物学上称为假果。果实的性状因品种而异，为筒形至长棒形。颜色有深浅，嫩果白色至绿色；熟果黄白色至棕黄色，有的出现裂纹。果面平滑或有棱瘤，刺色有黑、褐、白之分。黄瓜果实的生长速度，一般每日2~4cm。短果形的品种速度较慢，长果形品种较快。通常开花后8~18d商品成熟。短果形品种，果长15~30cm；长果形品种，果长40~60cm。生理成熟约需45d。黄瓜的食用器官为果实，其长短、粗细、颜色、刺瘤等性状因品种而异。黄瓜果实的生长发育受环境和栽培管理影响明显，在条件不适宜时，果实的商品性会有所下降，畸形瓜比例上升，如弯瓜、大肚瓜、尖嘴瓜、蜂腰瓜等。

图2-5 黄瓜的果实

雌花开花前，子房的细胞正处于分裂增生时期，此时适当控制水肥可使植物体内的营养物质得到调整，限制营养器官的过旺生长，因而有利于子房的发育。当子房开始长大，瓜把颜色变深，形态变粗，这时正是细胞发育转向体积迅速膨大阶段，如能趁机及时浇水、施肥，将会有利于促进瓜的发育。否则，土壤水分不足，往往导致瓜形不整齐或发育受阻。瓜的发育状况与授粉有一定的关系。有些品种经授粉后才能结瓜，才能有产量增加可言。而不经授粉，则化瓜多，产量明显降低。

通过多年来科学研究和育种、引种，现在已经找到了不需授粉而能结瓜的品种类型，俗称"无籽黄瓜"，这种黄瓜在遗传上受单性结实基因控制。由于没有种子的形成，植株可以把节省下来的营养物质转移到营养体的生长和新瓜的发育上去，因而有助于产量的提高。同时，没有种子的果实，在品质上一般也有很大的提高。黄瓜的这种单性结实特性，对于缺少昆虫授粉的保护地栽培来说，尤为重要。

黄瓜的单性结实现象在各品种之间存在很大差异。一般来说，在保护地栽培的耐寒、耐弱光的品种和华南型品种，单性结实力较强；而夏秋栽培的长日照的华北型品种，则单性结实力较弱。品种间的这种差异主要是遗传性决定的。此外，单性结实力的强弱还与植株的生理状态和栽培条件有关。即使同一品种，由于栽培时期和栽培条件不同也表现不一。处在水肥足、发育顺利的条件下，开花时子房个体较大，往往表现较强的单性结实力。光照强度对单性结实力影响很大，在不足的光照下，由于雌花发育不良而显示较弱的单性结实力。再者，单性结实力也因雌花的着生部位不同而异，植株下部节位的雌花表现得弱，部位越高表现越强。

为了扭转因品种的单性结实力较弱或者由于温度、光照不利而影响结瓜的局面，栽培上应采用单性结实力强的品种和放蜂来改善授粉条件，以促使子房发育正常坐瓜。

黄瓜果实发育适温白天为25～28℃，夜间为13～15℃。果实收获后易失水萎蔫，鲜瓜的贮藏需有高湿低温的条件。湿度保持在90%～95%，温度以12℃±1℃为好。温度高的易变黄或腐烂，温度低易受冷害。黄瓜的耐贮性与品种特性、采收时的成熟度和瓜本身的病虫害等因素有关。

六、种子

种子着生在种子腔旁侧的胎座上。长果形品种的瓜仅果顶的1/3部分才有饱满的种子，其余大部分种子因授粉不良或发育不良而空瘪。而短果形的品种，种子大半都能在果内发育成熟，因而种子量也多。按照胎座数目来说，一条瓜的种子应在500粒以上，而实际上并没有那么多，充其量只有300～400粒，少的仅数十粒，一般多为100～200粒。影响种子数量的多少，除品种类型因素外，还有其他因素，如授粉环境、植株生育状况、营养条件以及果实发育状况等。种子成熟度对发芽率影响很大。由雌花授粉至种瓜采收需要35～40d，秋冬冷凉条件下还要长些，才能保证种子成熟。采收后的种瓜不宜立即掏籽，需在阴凉场所存放数日后熟。种瓜成熟度越差，后熟时间也应越长。新采收的种子都有一段休眠期，所以新籽立即用来播种，往往出苗慢且不整齐。播种时以隔年的种子最好，出苗早，整齐一致。种子发芽的温度范围为15～40℃，最适温度为25～35℃。浸水膨胀后的种子可以经受长达9d -8℃的低温而不失去发芽力，发芽的种子还能耐较高的温度。干籽的耐热性更强，例如将干籽经50～55℃温水浸种，可以防治黄瓜病毒病。有些黄瓜病害是通过种子传播的，例如枯萎病、炭疽病、黑星病、黄瓜花叶病等。所以严格地讲，种子在播种前应该进行消毒处理，包括用物理方法和化学方法，以防止病害传播。

第二节 黄瓜的"一生"

黄瓜一生即黄瓜的生长发育周期大致可分为发芽期、子苗期、幼苗期、初花期和结果期5个时期，其中结果期可进一步细分为初果期、盛果期和末果期。根据设施茬口的不同，黄瓜全生育期一般90～300d（图2-6）。

温室黄瓜安全优质高效种植技术

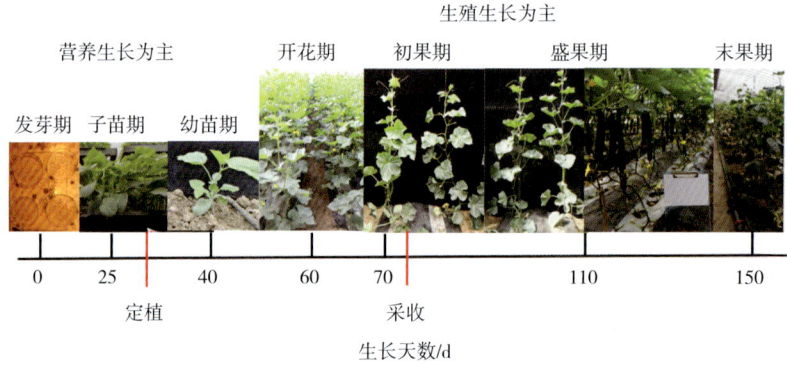

图2-6 黄瓜各生育期示意图

一、发芽期

由种子萌动到第1片真叶出现为发芽期（图2-7），为5～10d。在正常温度条件下，浸种后24h胚根开始伸出1mm，48h后可伸长1.5cm，播种后3～5d可出土。发芽期生育特点是主根下扎，下胚轴伸长，子叶展平。生长所需养分完全靠种子本身贮藏的养分供给，为异养阶段。所以要选用成熟充分、饱满的种子，以保证发芽期生长旺盛。子叶拱土前应给以较高的温湿度，促进早出苗、快出苗、出全苗；子叶出土后要适当降低温湿度，防止徒长。此期末是分苗的最佳时期，为了护根和提高成活率，应抓紧时间分苗。这一阶段的管理目标

图2-7 黄瓜发芽期

是促进早出苗、快出苗，防止和减少带帽出土。在管理方面，一是要注重选用高质量种子，其发芽率、净度、纯度等指标要达到国家相关标准及以上要求；二是播种前进行温汤浸种和催芽（种衣剂包衣种子可以干籽播种）；三是注意播种后的覆土厚度；四是加强播种后的温度和育苗基质的湿度管理；五是对于带帽出土的种子要及时人工脱帽；六是加强病害防控，尤其要注意猝倒病的防治。

二、子苗期

子苗期是指从两片子叶展平到第1片真叶平展这段时期（图2-8），根据播种季节的不同，一般历时5~15d。这一阶段的管理目标是防止幼苗徒长、促进苗壮。在管理方面，首先要适当调低苗床温度；其次是控制浇水，避免基质含水量过高。

图2-8　黄瓜子苗期

三、幼苗期

从真叶出现到形成4~5片真叶为幼苗期（图2-9），为20~30d。幼苗期黄瓜的生育特点是幼苗叶的形成，主根的伸长和侧根的发生，以及苗顶端各器官的分化。由于这一阶段以扩大叶面积和促进花芽分化为重点，所以首先要促进根系的发育。黄瓜幼苗期已孕育分化了根、茎、叶、花等器官，为整个生长期的发展，尤其是产品产量的形成及产品品质的提高打下了组织结构的基础。所以，生产上创造适宜的条件，培育适龄壮苗是栽培技术的重要环节和早熟丰产的关键。在温度和肥水管理方面应本着"促""控"相结合的原则进行，以适应此期黄瓜营养生长和生殖生长同时并进的需要。此阶段中后期是定植的适期。

图2-9　黄瓜幼苗期

四、初花期

又称抽蔓期。从第4片真叶完全展开到第一朵雌花开放为抽蔓期（图2-10）。多数黄瓜品种从第4片真叶完全展开、第1条卷须长出时开始，节间明显加长，茎蔓的伸长加快，已不能直立，需有攀缘物方可向上生长。有的品种开始出现侧枝。雄花、雌花先后出现，雄花一般先开放。到第1朵雌花开放后，抽蔓期结束，需10~20d。早熟品种经历的时间短，晚熟品种经历的时间长。

抽蔓期黄瓜生长发育的特点主要是茎叶的形成，花芽继续分化，根系进一步发展，以茎叶的营养生长为主，并由营养生长向生殖生长过渡。这段时期首先要促进茎叶的生长，扩大叶面积，保证根系的发展，同时调节好营养生长和生殖生长的关系，促进花芽继续分化，提高花芽的质量和数量。

图2-10 黄瓜抽蔓期

五、结果期

从第1朵雌花开放坐瓜到拉秧、收藤为结果期（图2-11）。在此期间，植株叶片、卷须、侧蔓、雄花或雌花都在继续分化生长和形成。初期茎蔓和叶片的生长速度最快，到叶面积达到最大后，生长逐渐放慢直至植株老化死亡。雄花和雌花则由下而上陆续开放，开放后的雌花可连续坐瓜，连续采收。其间经历的时间为30～150d。结果期的长短差异很大，南方的露地夏秋季黄瓜只有30d左右，北方的日光温室冬春季黄瓜可长达100～150d。主要影响因素是品种、栽培环境条件和栽培技术，其中病虫害发生与否是影响结果期长短的关键因素。

图2-11 黄瓜结果期

黄瓜结果期生长发育的特点是根系、茎蔓和叶片连续生长，侧蔓和主蔓同时生长，并且连续开花，连续坐瓜。营养生长和生殖生长并进，并保持相对的平衡。其间植株要不断地生长茎蔓和叶片，连续采收果实，需要制造大量营养物质以供应各器官发育，因而需及时供给充足的肥料和水分，创造良好的生长环境，防止病虫为害，保证植株健康生长，提高雌花的质量和数量，确保坐瓜和瓜的正常发育，才能延长结果期，获得优质高产。

第三节　黄瓜生长发育对环境的要求

黄瓜的生长发育需要一定的外界环境条件，这是由于黄瓜的地域或历史分布不同，为适应该地区的生态条件长期以来形成的特性。

一、温度

黄瓜属喜温植物，其生长发育的适宜温度为18~30℃，最适宜生长的温度为24℃，能正常生长的最低温度为10℃，最高温度为35℃。从播种到果实成熟需有效积温800~1 000℃。昼夜温差在10℃左右时有利于植株的生长和果实的发育。

黄瓜不耐低温，其组织柔嫩，含游离水较多，容易结冰。在0℃时植株会立即冻死；2~3℃时会受冻害；5~10℃时会受寒害；10~12℃时光合作用、呼吸作用、根的生长和受精等生理活动都会受到影响，生长缓慢，甚至停止。黄瓜对低温的适应能力常常因降温的缓急、低温持续时间的长短以及植株是否经过低温锻炼而有较大的不同。经过低温锻炼的黄瓜植株能耐5~9℃的低温，在几小时的2~3℃低温下也不至于死亡，但会影响植株各器官的分化和发育，表现为节间变短、雌花增多等。

黄瓜生长一般能耐的最高温度为40℃，温度在35℃左右时，光合作用制造的养分与呼吸作用消耗的养分会处在平衡的状态，果实的生长会受到影响，37℃以上时植株的生长会受抑制，在温室大棚内，可忍耐短时的45~50℃高温，致死的最高温度为60℃。黄瓜较长时间处在高温特别是在高夜温的条件下，生长不良，结瓜少，瓜易变畸形，植株的寿命大大缩短。

在黄瓜正常生长的温度范围内，较低的夜间温度和较高的日间温度，即昼夜温差较大，有利于黄瓜的生长发育。因为在适宜的光照条件下，日间温度高能提高光合作用的强度，夜间温度低可减少呼吸消耗，有利于光合产物的积累。一般日间温度25~29℃，夜间温度15~18℃，昼夜温差10~15℃，既适宜于植株的生长，又可促进雌花的分化和果实的发育。因此，保护地栽培黄瓜，通过各种保护设施调节和创造适宜的温度条件，从而使生产的黄瓜达到优质高产。

二、光照

由于生态类型的不同，黄瓜对日照长短的反应有显著的分化，华北型品种对光照长短的要求不严格，已成为日照中性植物，而华南型品种对光照的长短反应较敏感，雌花的分化要求有一定的短日照，但8~11h的短日照对任何类型的黄瓜都可促进雌花的分化和形成。

光合作用强度在一天中有明显的时间性。每天清晨至中午的光合强度较高，光合生产率为全天的60%~70%，下午较低，只占全天的30%~40%。黄瓜对散射光有一定的适应性，在相应的范围内增加叶面积，可弥补和适应光照的不足。在瓜果类蔬菜中，黄瓜属较耐弱光的蔬菜。黄瓜在相对露地光照较弱的保护地内栽培，也能取得优质高产。

三、土壤和水分

黄瓜最适宜栽培的土壤为富含有机质、肥沃、松软、透气性好的沙壤土。因为黄瓜的根系细弱，吸收能力差，而植株生长和高产量的果实则要求吸收大量的水分和养分。沙壤土保水保肥能力强，而且有利于黄瓜根系的发展，这样根系分布的范围大，吸收量也大，能最大限度地满足生长发育需求。其他土壤也能栽培黄瓜，但黏土发根不良，沙土发根较旺，易老化，需增施有机肥改良土壤，才能满足生长的要求。

黄瓜喜欢中性偏酸性土壤环境。在pH值5.5～7.2的土壤中，黄瓜能正常生长发育，最适pH值为6.5。pH值低易引起多种生理障碍，如黄化、枯萎，pH值4.3以下时黄瓜不能生长；pH值过高易烧根死苗，发生盐害。黄瓜耐盐性较差，如施用化肥过多，特别是在温室大棚等保护地，易造成土壤盐分浓度增高，出现严重盐积化，影响正常生长。增施有机肥，或进行大水漫灌，让径流带走部分盐分，或把盐分溶渗到土壤下层，以减少其危害。

黄瓜喜湿，怕涝，不耐旱，对水分的要求比较严格，要求有较高的空气相对湿度和土壤湿度。黄瓜生长发育的适宜空气相对湿度为60%～90%，但在高达95%～100%的相对湿度下，仍能正常生长，而且相对湿度越高，蒸腾生产率越低，水分的消耗量也越低。但空气相对湿度大，达100%时，叶面会结水膜和水珠，易诱发多种病害；相对湿度过低，特别是在高温、强光照和空气干燥的环境下，易失水萎蔫，影响光合作用，阻碍植株及果实的生长。因而，黄瓜生长发育理想的空气相对湿度应该是苗期低，成株期高；夜间低，白天高；高为80%~90%，低为60%~70%。

黄瓜的叶面积大，蒸腾量大，而根系较浅，分布范围小，吸收能力弱。黄瓜正常的生长发育要求有较高的土壤湿度，适宜的土壤含水量为田间持水量的70%~90%，不同生育期对水分的要求有所差别。幼苗期和抽蔓期土壤不宜过湿，供水适中，土壤适宜的田间持水量为60%~70%，可防止地上部徒长，促进根系发展，平衡营养生长和生殖生长；结果期植株的叶面积迅速增大，果实大量收获，耗水量大，必须有充足的水分供应，适宜的土壤田间持水量为80%~90%，但土壤的含水量也不能过高或积水，否则影响根的呼吸与生长，甚至会引起根系窒息，导致植株死亡。

四、营养

黄瓜生长发育需要多种矿质元素，并且只有在各元素之间保持适当比例的条件下，才能正常生长发育。一般每生产1 000kg果实，植株需要吸收纯氮2.8kg、五氧化二磷0.9kg、氧化钾3.9kg、氧化钙3.1kg、氧化镁0.7kg，其吸收比例为1∶0.32∶1.39∶1.1∶0.25。但不同生育期对养分的需求量和需求比例有所不同，苗期需求量最小，随着植株的生长发育和产量形成，对养分的需求量逐渐上升，到了结果期达到顶峰，对养分的需求量达到全生育期的80%左右，氮、磷、钾吸收比例为1∶（0.57~0.72）∶（1.07~1.55）。

黄瓜喜肥但不耐肥，根系耐盐性较差。适宜的土壤电导率在黏壤土上为0.6~0.8mS/cm，在沙壤土上为0.3~0.4mS/cm。

五、气体

黄瓜的地上部分和地下部分因生理作用不同，对气体的要求也有一定差异。地上部分的主要功能是进行光合作用（主要是叶片），制造同化物向植株各部分运输，因此二氧化碳是不可缺少的原料，在正常的温度、湿度和光照条件下，800～1 000mg/L的二氧化碳浓度较利于光合作用进行，而空气中的二氧化碳浓度仅330mg/m^3左右；二氧化碳补偿点浓度是50mg/m^3左右，长期低于此限，黄瓜就可能因光合作用不良，同化物少而逐渐衰弱而死亡，所以保护地栽培，特别是日光温室冬春茬（越冬茬）生产和秋冬茬生产，加强二氧化碳补施是获得高产的重要手段，应通过增施有机肥、采用秸秆生物反应堆及人工施放的方法来补充二氧化碳。

根系对土壤中氧气含量较为敏感，土壤中适宜的氧气含量为15%～20%，低于2%生长发育将受到严重影响。因此，生产中要注重土壤深松、高畦栽培、中耕松土等管理。

第三章

黄瓜优质栽培管理技术

第一节 温室黄瓜品种选择技术

一、注重品种安全

选择应用来源清晰、正规大品牌的经过审定、鉴定或登记的品种,种子质量应达到国家标准GB 16715.1—2010《瓜菜作物种子 第1部分:瓜类》要求,品种纯度不低于95%、种子净度不低于99%、种子发芽率不低于90%。

二、符合市场需求

不同地区、不同消费群体有着不同的消费习惯和消费需求,如有的地区偏好长瓜条、有的地区偏好短瓜条,所以生产者应针对目标市场需求选择应用适宜的品种。

三、选择应用优质丰产的品种

随着人们生活水平的提高,消费者对产品的需求已不仅仅局限于瓜条是否顺直、瓜把长短、刺瘤疏密等外观商品性，更注重产品的口感、营养价值和功能性成分，所以生产者选择品种时既要兼顾品种的丰产潜力，更要注重选择品质优良的品种。

四、选择应用抗病性强的品种

黄瓜易发多种病害，为了降低种植风险，减少植保药剂应用，保障产品的安全，应注意选择应用抗病性突出的优良品种。

五、选择应用适应性强的品种

不同的设施茬口有着不同的小环境特点，应选择应用适宜特定设施茬口的栽培品种。如春季生产的前期温度低，易遭受冷害或冻害，选择品种时要优先考虑品种的低温耐受性，同时春季黄瓜产品市场，随着时间的推移价格会逐步走低，为了获取更好的效益，选择品种时还要考虑品种的熟性，优先选用早熟性品种；秋季生产的前期高温、高湿，易发病虫害，雌花节位高，不易坐瓜，应注意选择抗病好、雌花节率高或纯雌性系品种、强雌性系品种；冬季生产的设施环境存在着典型的低温寡照特点，因此选择品种时要突出品种的耐低温弱光能力。

第二节 主栽黄瓜品种

黄瓜栽培历史悠久，分布广泛，在世界各地不同生态环境条件的影响下和人工选择作用下形成了多种类型和品种，根据世界各地黄瓜品种的形态特征及其主要的生态条件可把黄瓜分为欧美型露地黄瓜、南亚型黄瓜、华北型黄瓜、华南型黄瓜和北欧型温室黄瓜等几种类型，目前我国普遍栽培的黄瓜品种主要分属于后3种类型。

一、华北型黄瓜

华北型黄瓜（图3-1）主要分布于中国黄河流域以北及朝鲜、日本等地。该类型品种叶片大而薄，节间和叶柄较长，生长势中等，喜天气晴朗、土壤湿润的条件，对日照长短要求不严，瓜条细长呈棍棒状，嫩果皮绿色，刺瘤密、多白刺。

图3-1　华北型黄瓜

中农大22号：中国农业大学选育。该品种植株生长势中等，叶片中等偏小，适宜密植。瓜码密，瓜条生长速度快，连续结瓜能力强；瓜条长34cm左右，刺瘤密，瓜把短，瓜条直。耐低温弱光，抗枯萎病，中抗霜霉病、白粉病。适宜保护地早春茬栽培。

中农16号：中国农业科学院蔬菜花卉研究所选育。该品种早熟，植株生长速度快，第1朵雌花始于主蔓第3~4节，瓜码较密。瓜条商品性及品质极佳，瓜条长棒形，瓜长30cm左右，瓜把短，瓜色深绿，有光泽，无黄色条纹，白刺、较密，瘤小，单瓜重150~200g。抗霜霉病、白粉病、黑星病、枯萎病等多种病害。适宜春秋大棚和露地栽培。

中农26号：中国农业科学院蔬菜花卉研究所选育。该品种植株生长势强。分枝中等。主蔓结果为主，节成性好，坐果能力强，瓜条发育速度快，回头瓜较多；瓜色深绿有光泽，腰瓜长30cm左右，瓜把短，瓜粗3.3cm左右，商品瓜率高；刺瘤密、白刺、瘤小、无棱。综合抗病能力强、耐低温弱光。适宜日光温室越冬、早春、秋冬茬栽培。

中农48号：中国农业科学院蔬菜花卉研究所选育。该品种中早熟，生长势强，分枝中等。主蔓结果为主，瓜色深绿有光泽，腰瓜长33～35cm，刺瘤密、白刺、瘤小、无棱无纹。适宜春、夏、秋露地栽培。

中农56号：中国农业科学院蔬菜花卉研究所选育。该品种植株生长势较强，分枝弱。早熟，早春栽培第1朵雌花节位在3节左右，雌花节率达50%。腰瓜瓜色深绿有光泽，平均瓜长约32cm，瓜把短，瓜粗3.2cm。白刺密，瘤小，无棱无纹。丰产，综合抗病性强。适宜保护地早春及秋冬短茬口栽培。

中农72号：中国农业科学院蔬菜花卉研究所选育。该品种植株生长势强，中早熟，春茬栽培雌花节率40%左右。商品瓜果皮颜色为深绿色有光泽，果实长棒形，瓜长30～33cm，瓜把短，刺瘤中等大小，果肉颜色浅绿色。抗白粉病、霜霉病等多种病害。适宜早春茬、秋冬茬日光温室以及大棚栽培。

中农106号：中国农业科学院蔬菜花卉研究所选育。该品种中熟，主蔓结果为主，生长势强。瓜色深绿，瓜长35cm左右，刺瘤密、白刺、瘤小、无棱少纹。耐热，抗霜霉病、白粉病、病毒病等病害。适宜春、夏、秋露地栽培。

中农126号：中国农业科学院蔬菜花卉研究所选育。该品种植株生长势强，中早熟，主蔓结瓜为主，瓜码密，膨瓜速度快，连续坐果多。瓜条顺直，瓜色深绿、油亮，瓜把短，中小刺瘤，无棱、无黄色条纹。适宜越冬温室、早春温室及春、秋大棚等保护地栽培。

津优406：天津科润黄瓜研究所选育。该品种植株生长势较强，叶片中等大小，叶色绿。主蔓结瓜为主，持续结瓜能力强，商品瓜率高；瓜条长35cm左右，瓜把约为瓜长的1/8；瓜色亮绿，有光泽，刺瘤适中，无棱少纹。抗病性强。适宜露地及秋季保护地栽培。

津早198号：天津科润黄瓜研究所选育。该品种植株生长势强，主蔓结瓜为主，茎秆粗壮，瓜码密，瓜条顺直，腰瓜35cm左右，密刺，瓜把短，瓜色深绿，无黄线。耐低温弱光。适宜越冬、早春温室及春、秋冷棚栽培。

津早29号：天津科润黄瓜研究所选育。该品种主蔓结瓜为主，茎秆粗壮，瓜条顺直，强雌，连续结瓜能力强。腰瓜长35cm左右，刺密，瓜把短，瓜色油亮，无黄线，肉质翠绿。抗白粉病、霜霉病及枯萎病等多种病害。耐低温弱光，长势强，不歇秧。适宜早春日光温室及春大棚栽培。

津园98：天津科润黄瓜研究所选育。该品种植株生长势强，叶片中等，瓜码较密，产量高，耐热性好，刺瘤明显，瓜色亮绿，腰瓜长34cm，瓜把短，瓜条整齐、顺直。适应性强，耐热性强。适合春、夏、秋保护地栽培。

津冬158：天津科润黄瓜研究所选育。该品种主蔓结瓜为主，茎秆粗壮，瓜条顺直，强雌，腰瓜32cm左右，瓜把短，刺密，瓜色深绿，油亮，无黄线，肉质翠绿。抗性较强。适宜早春日光温室及春、秋大棚栽培。

津盛夏扬：天津科润黄瓜研究所选育。该品种生长势旺盛，中等叶片，叶色深绿，瓜码适中，主蔓节瓜为主，瓜把短，密刺，刺瘤均匀，瓜色深绿有光泽。耐热性好，抗病毒性强，商品性好。适宜春夏、越夏及夏秋保护地栽培。

博美211：天津德瑞特种业有限公司选育。该品种植株生长势旺，耐寒能力强，秧果生长平衡，瓜码适中；瓜条整齐性好，腰瓜长35cm左右，瓜把短，密刺，瓜条光泽度好。适宜保护地早春茬和秋冬茬栽培。

博美828：天津德瑞特种业有限公司选育。该品种植株生长势强，节间适中稳定，叶片中等，主蔓结瓜，瓜码适中，连续结瓜能力强；腰瓜长36~38cm，瓜条整齐、顺直，瓜把短，密刺，瓜色黑油亮，光泽度好。抗病能力强。适宜保护地早春茬和秋冬茬栽培。

冬美170：天津德瑞特种业有限公司选育。该品种株型紧凑，植株生长势旺盛，茎粗中等，节间中短稳定，叶片颜色深绿。瓜码适中，腰瓜长35cm左右，瓜把短，密刺，刺瘤明显，瓜身均匀，深绿油亮。适宜春大棚、越冬温室种植。

博美608：天津德瑞特种业有限公司选育。该品种植株生长势强，株型紧凑，主蔓结瓜为主，强雌，瓜条整齐，瓜把粗短，条直，腰瓜长30cm左右，密刺型，颜色深绿油亮，绿瓤。中抗白粉病、霜霉病。适宜春大棚种植。

德瑞特1088：天津德瑞特种业有限公司选育。该品种生长势强，雌花节率中等，熟性中等，果实棒状，瓜长34cm左右，皮色中绿，光泽度中，无棱，刺瘤密度中等。耐寒能力强。适宜冬春温室种植。

博美C05：天津德瑞特种业有限公司选育。该品种早熟，主蔓结瓜为主，瓜条顺直、整齐，瓜把短，密刺，腰瓜长35cm左右，瓜色深绿油亮。抗白粉病、霜霉病。适宜露地及春秋保护地种植。

中荷985：天津德瑞特种业有限公司选育。该品种株型紧凑，生长势中等，叶片较小，颜色黑绿，节间适中稳定，主蔓结瓜，强雌，瓜码密，连续结瓜能力强，腰瓜长36cm左右，瓜把短，密刺，颜色均匀油亮，瓜条顺直。适宜早春、秋延保护地种植。

寒秀36：寿光市绿丰种业科技发展有限公司选育。该品种早熟，植株生长势强，主蔓结瓜为主，叶片中等，瓜条顺直，瓜色深绿，心腔小，瓜长35cm左右，刺瘤明显，光泽度好。适合保护地秋延、早春茬口栽培。

金胚98：北京中研惠农种业有限公司选育。该品种极早熟，植株生长势旺盛，叶片深绿，瓜码密，主蔓结瓜为主，瓜长35cm左右，瓜把短，密刺，瓜条顺直，无黄头黄筋，瓜色深绿有光泽，果肉浅绿。适宜保护地越冬、早春、秋延种植。

二、华南型黄瓜

华南型黄瓜（图3-2）主要分布于中国长江流域以南和印度等地。该类型品种茎蔓粗壮，节间短，叶片肥大，根系繁茂，果实短粗，果皮较厚，刺瘤稀，多黑瘤。嫩果皮色有绿色、白色、浅绿色、黄白色等，成熟种瓜多为褐色，具网纹。

图3-2　华南型黄瓜

中农脆玉3号：中国农业科学院蔬菜花卉研究所选育。该品种生长势较强，分枝中，雌花节率高，春季栽培节节有瓜，连续坐果能力强。商品瓜果皮颜色为黄白色、有光泽，果实形状为圆筒形，商品瓜瓜长13～15cm，瓜把短，白刺稀疏，瘤较小，无棱无纹，果肉颜色为浅绿色。综合抗病能力较强。适宜早春和秋冬保护地栽培。

津旱303：天津科润黄瓜研究所选育。该品种主蔓结瓜为主，植株生长势中等，茎秆粗壮，节间短，叶色绿。瓜条浅绿色，小刺，瘤明显，瓜把短，瓜条长15cm左右，果肉淡绿色。抗白粉病、霜霉病及枯萎病，耐低温弱光。适宜早春温室及春冷棚栽培。

白富强：北京现代农夫种苗科技有限公司选育。该品种强雌，心腔小，口感佳。瓜长18～20cm，瓜色亮白，皮薄，小瘤稀刺，有光泽。适宜保护地秋冬或早春茬栽培。

京旱33号：北京现代农夫种苗科技有限公司选育。该品种强雌，中熟，主蔓结瓜为主，植株生长势较旺，节间中短，叶片中等大小，连续结瓜能力强，平均瓜长18cm，瓜色浅绿，光泽度好，刺瘤中等大小。耐低温、弱光。适合保护地春提前或秋冬茬栽培。

京研迷你白：北京市农林科学院蔬菜研究所选育。该品种全雌，早熟，植株生长势强。主蔓结瓜为主，瓜长14～16cm，瓜皮白绿色，光滑，有光泽，肉质紧实、脆嫩。适宜温室和春、秋大棚种植。

京研绿玲珑：北京市农林科学院蔬菜研究所选育。该品种早熟，植株生长势较强，主侧蔓结瓜，瓜条顺直，瓜长16cm，外皮白绿色，刺瘤适中，瓤色浅绿。综合抗病性较强，耐热性好。适宜春露地种植。

京研绿翡翠：北京市农林科学院蔬菜研究所选育。该品种中早熟，植株生长势强，强雌，主蔓结瓜，瓜条顺直，膨瓜速度快，瓜长15～18cm，外皮浅绿色，瘤较大，瓤色浅绿。综合抗病性较强。适宜春露地种植。

白贵妃：北京市北农种业有限公司选育。该品种植株生长整齐健壮，节间短，每节可坐瓜。瓜短柱形，表皮淡绿色，瓜长15cm，直径2.5cm。适宜生食，抗病性较强。适宜在春、秋、冬季保护地栽培。

三、北欧型温室黄瓜

北欧型温室黄瓜（图3-3）主要分布于西班牙、荷兰、英国、罗马尼亚等地。植株生长健壮，较耐低温和弱光，纯雌性株，单性结实。瓜长14~18cm，直径约3cm，单瓜重100g左右，圆筒形，皮色绿色至深绿色，表皮光滑无刺瘤，口感脆嫩，肉质紧密。

中农59号：中国农业科学院蔬菜花卉研究所选育。该品种植株生长势强，分枝弱，纯雌，连续坐果能力强。瓜色绿亮，瓜长19cm左右。无刺，无瘤，无棱无纹，果肉颜色浅绿色。综合抗病性强。适宜保护地栽培。

图3-3　北欧型温室黄瓜

中农19号：中国农业科学院蔬菜花卉研究所选育。该品种生长势和分枝性极强，纯雌，连续坐果能力强。瓜短筒形，瓜色亮绿一致，无花纹，无刺瘤，果面光滑。瓜长15~20cm，单瓜重约100g。抗枯萎病、黑星病、霜霉病和白粉病等。适合保护地栽培。

德瑞特M1：天津德瑞特种业有限公司选育。该品种植株生长势强，开展度小，叶色浅绿，雌性系。瓜条短棒状，无刺瘤，皮色深绿色，光泽好，瓜长14cm左右，心腔小，瓜把短，横径

2.8cm。适应性强，耐弱光、耐热，抗枯萎病强，中抗霜霉病和白粉病。适宜温室塑料大棚春秋栽培。

小尾香长：北京现代农夫种苗科技有限公司选育。该品种生长势较旺，强雌，中早熟，小尾形短把，平均瓜长20cm，光滑无刺，瓜色亮绿，光泽好，心腔小。耐低温、弱光。适合保护地秋冬茬或春提前栽培。

京研迷你9号：北京市农林科学院蔬菜研究所选育。该品种生长势强，全雌性株。瓜长14~18cm，瓜皮深绿色，果面光滑，瓜肉淡绿色。耐低温弱光，耐热，抗霜霉病、白粉病，中抗黄瓜花叶病毒病。适宜越冬温室、早春温室和春、秋大棚种植。

戴安娜：北京北农西甜瓜育种中心选育。该品种生长势旺盛，瓜码密，结瓜数量多，果实墨绿色，微有棱，无刺，无瘤，瓜长14~16cm。抗病性强。适宜在晚秋、冬季和早春保护地种植。

一休靓瓜：日本品种。瓜长17~20cm，直径约3cm，单瓜重量约110g。果肉深绿色，果皮薄，有光泽，适合鲜食。抗逆性强。适宜春季种植。

戴多星：荷兰品种。以主蔓结瓜为主，强雌，瓜码密，瓜长14~16cm，无刺，无瘤，皮薄，有光泽，翠绿色。耐低温弱光，抗病性较强。适宜保护地栽培。

第三节 设施黄瓜栽培茬口

我国黄瓜生产整体上是以长江为界，划分为两大生态区。长江流域及其以南地区，一年四季均可栽培，夏秋季以露地栽培为主，冬春季多利用塑料大棚等设施进行保护地栽培；在北方地区，除夏季可在露地栽培外，其他季节利用保护地设施进行生产，其中主要是日光温室和塑料大棚两种方式。

一、日光温室栽培茬口

（一）早春茬

日光温室早春茬是指应用日光温室或加温温室于12月上旬至翌年1月上旬播种育苗，1月下旬至2月中下旬定植于日光温室，3月中旬至4月上旬开始供应市场，6月下旬至7月上旬生产结束。

该茬口生产的突出特点，一是育苗期处于严寒季节，管理重点是加强苗棚温度和光照管理，促进苗齐苗壮；二是定植期温室内气温和地温偏低，应注意提高棚室内地温和气温，促进缓苗和营养生长；三是采收期棚室内逐渐进入高温强光、病虫高发的阶段，应适时遮阳降温，加强通风降湿，合理调控水肥，促进植株健壮生长和产量形成；四是盛瓜期与塑料大棚春季生产茬口产品上市期高度重合，生产中应注重选择早熟性好的品种，并尽量提早播种育苗和定植移栽，以促进本茬口生产的产品尽早采收上市。

（二）秋冬茬

日光温室秋冬茬是指应用通风降温性能良好且具有遮阴避雨设施的日光温室或塑料大棚进行育苗，并做好防水淹准备。一般于8月中旬至9月上中旬定植，日历苗龄25d左右，元旦前后至春节前后拉秧。

该茬口生产的突出特点，一是育苗期处于高温、高湿、多雨季节，管理重点是防控幼苗徒长，促进雌花分化；二是定植期温室内高温，应做好通风降温和遮阴管理，高温、高湿的环境条件易致病虫高发，应注意做好病虫害防治，尤其是霜霉病、角斑病、棒孢叶斑病等病害，以及蓟马、粉虱、害螨、瓜绢螟等虫害；三是进入采收期后温度逐渐降低，应适时覆盖地膜，做好低温降雪及持续寡照等恶劣性天气影响；四是采收后期正值市场价格高峰期，在做好该地块下茬生产安排的前提下，尽量延后拉秧。

（三）冬春茬

该茬口是一年一茬生产模式，有的地区叫越冬茬生产，即8月末至10月初播种育苗，10月上旬至11月中旬定植，11月下旬至翌年1月上旬开始供应市场，6月下旬至7月上旬拉秧。

该茬口生产的突出特点，一是生育期长，低温寡照和高温强光逆境明显，为了提高抗逆性和避免植株早衰，必须应用嫁接栽培技术，冬季做好温度、光照管理；二是生物量大、产量高，应结合不同时期温光特点进行科学水肥管理；三是产品上市期覆盖元旦、春节及清明、五一等重要节日，市场价格较高，引入观光采摘、礼品菜配送等更易获得较高收益。

二、塑料大棚栽培茬口

（一）春茬

该茬口生产一般于1月中旬至3月上旬在日光温室中播种育苗，3月上旬至4月中旬定植于塑料大棚，4月下旬至5月中下旬开始供应市场，6月底至7月初拉秧。

该茬口生产的突出特点，一是育苗期易发病虫害，尤其是蓟马、害螨，要加强防治；二是定植期塑料大棚温度偏低，宜采用嫁接育苗技术和低温炼苗技术，做好定植前暖地、定植后保温工作，注意防范倒春寒影响；三是采收期内市场价格逐步走低，为获取较好的生产效益，要注意选择早熟品种，应用多重覆盖提早定植技术促进产品提早上市。

（二）秋茬

该茬口生产，育苗场所选择同日光温室秋冬茬，一般于6月下旬至7月初播种育苗，日历苗龄20~25d即可定植，10月下旬生产结束。

该茬口生产的突出特点，一是育苗期昼夜高温、日照时间长，秧苗宜徒长，雌花分化延迟；二是定植期塑料大棚温度过高，应做好通风降温和遮阴管理；三是高温、高湿条件下病虫害高发，要综合应用物理、生物及化学措施做好防控，尤其是霜霉病、角斑病、棒孢叶斑病等病害，以及蓟马、粉虱、害螨、瓜绢螟等虫害。

塑料大棚栽培除上述两种主要栽培茬口外，还有两种衍生茬口模式，这两个茬口能在一定程度上解决夏、秋淡季黄瓜产品的供应问题。一种是春夏秋一大茬，即春茬栽培模式将拉秧期延后到9月下旬至10月中下旬；另一种是夏秋茬，即5月底至6月初播种育苗，6月中旬至下旬定植，10月中旬至下旬拉秧。

第四节　设施黄瓜基质育苗

一、育苗场所

根据栽培茬口和气候条件的不同，黄瓜的育苗可区分为冬春季育苗和夏秋季育苗。冬春季育苗对应的栽培茬口为日光温室早春茬、塑料大棚春茬和春露地栽培,由于育苗时期正值低温季节,故应选用保温性能良好的日光温室或连栋温室作为育苗场所;夏秋季育苗对应的栽培茬口为日光温室秋冬茬和塑料大棚秋茬,则宜在具备遮阳、通风、降温和避雨条件的塑料大棚或连栋温室内进行(图3-4)。

育苗场所的放风口和入门处要加设防虫网,育苗前做好育苗场所的清洁和消毒等工作,密闭设施,应用异丙威、百菌清、腐霉利消毒,或硫黄粉等点燃熏蒸一昼夜,播种前通风散味。

图3-4 黄瓜育苗场所

二、育苗基质

育苗基质是幼苗生长发育的基础,起着固定并支持幼苗,为秧苗生长提供所需养分和水分,创造适宜的根际环境的作用(图3-5)。育苗基质可选用市售商品基质,在选购商品基质时,要关注产品的理化等指标,如基质容重、通气孔隙度、持水孔隙度等;

自行配制育苗基质时，选用优质草炭、蛭石、珍珠岩为主要原料，按体积比3∶1∶1配制，每立方米基质加入三元复合肥（N∶P∶K=15∶15∶15）1~1.5kg，充分发酵腐熟的生物有机肥5kg，及50%多菌灵可湿性粉剂150g或

图3-5　黄瓜育苗基质

50%苯菌灵可湿性粉剂75g，混拌均匀后浇水至湿度40%~50%，覆盖堆闷2~3d，充分散味后使用。

三、穴盘规格

采用自根育苗时，黄瓜播种可选用72孔穴盘；采用嫁接育苗时，砧木种子播种在50孔穴盘，接穗（黄瓜）种子可选用平盘或72孔穴盘。

对于重复应用的苗盘，宜提前做好消毒工作，可采用2%的漂白粉溶液或高锰酸钾1 000倍液浸泡30min后清水冲净备用。

四、种子消毒

许多病害是通过种子传播的，病原菌寄生在种子的表面，带有病原菌的种子播种后，遇到适宜的环境条件，病原菌就会大量繁殖从而造成为害，所以在品种选定后不仅要对种子进行精选，播种前还需要进行种子消毒，这是病虫害全程绿色防控体系的重要一环，常用种子消毒方法有以下3种。

（一）温汤浸种

利用水的高温杀死附着在种子表面和内部的病原菌（图3-6），该种方法操作简单，不需药剂，可与浸种催芽同时进行。采用温汤浸种消毒时，取一清洁的陶瓷盆，先用常温水浸种15min，再转入种子体积

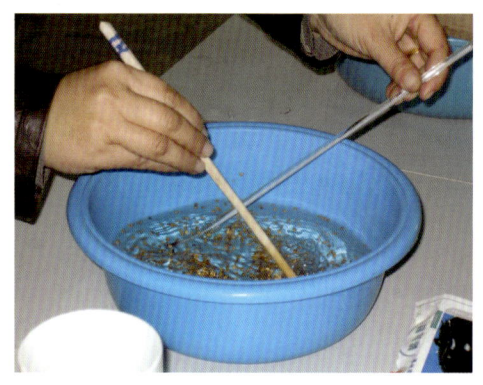

图3-6　黄瓜温汤浸种

4～5倍的55℃温水（以温度计测量）中，同时用木条沿同一方向匀速搅拌，保持55℃恒温15min（为了保持55℃恒温，在旁边再准备一个容器，将水调好温度后再注入陶瓷盆，不要直接在盛种子的容器内倒开水，以防烫伤种子），不停搅拌待水温降至30℃，继续浸泡4～6h，种子即可出水，出水后要搓掉种皮上的黏液，多次用温清水投洗，然后用湿纱布包起来催芽。

（二）药剂浸种

先将种子用常温清水浸泡3～4h，再转到一定浓度的药液常温浸泡20～30min，之后清水冲洗干净进行催芽或播种（图3-7）。根据主要防控的病害选用合适的药剂，如防治病毒病可选

图3-7　黄瓜药剂浸种

用10%磷酸三钠溶液或0.1%高锰酸钾溶液或2%氢氧化钠溶液；硫酸铜100倍液浸种5min或40%福尔马林150倍液浸种1.5h或1 000万U农用链霉素可湿性粉剂300~500倍液浸种2h可防治细菌性斑点病；50%多菌灵可湿性粉剂500倍液浸种60min可防治枯萎病；福苯混剂20倍液或福甲混剂200倍液浸种30min可防治枯萎病、蔓枯病、立枯病等。

（三）药剂拌种

将种子与药剂混合搅拌均匀，使药剂均匀附着在种子表面以杀灭种传病原菌。药剂用量一般为种子重量的0.2%~0.4%，常用药剂有福苯混剂、福甲混剂、多菌灵、福美双、加瑞农、甲霜灵等。

五、种子催芽

种子处理后，黄瓜种子继续常温浸泡5~6h、砧木种子常温浸泡6~8h，捞出洗净，用湿纱布包好后置于恒温下催芽，黄瓜种子25~30℃，砧木种子30~33℃，约70%的种子露芽时即可播种（图3-8）。

图3-8　黄瓜种子催芽

六、穴盘播种

配制好的育苗基质在装盘前先喷少许水拌匀，将基质含水量调至55%~60%，覆盖堆置2~3h，使基质均匀湿润。基质装盘时全部孔穴填平即可，装满后各个格室应清晰可见，再摞盘压出播种坑，之后摆放于苗床内，下铺一层薄膜，将种子按同一方向平放于播种坑内，覆盖消毒蛭石后用喷壶浇透水，覆膜保湿。

七、苗床管理

1. 出苗前管理

播种后要保持较高的温度和适宜的基质湿度促进出苗，苗床（图3-9）温度（地温）20~24℃，气温白天25~30℃、夜间18~20℃、最低11~13℃。

图3-9　黄瓜苗床

2. 苗期温度管理

70%种子出土后及时撤掉薄膜，适当调低温度，尤其是夜间温度，防止幼苗徒长，白天22~25℃、夜间12~15℃，直至第1片真叶展开；之后保持白天22~28℃、夜间12~15℃，夜间温度在低温季节不低于10℃、高温季节不高于18℃。由于室内气温存在温差，可能出现生长差异，要按长势倒苗以调整秧苗长势。定植前1周左右开始低温炼苗，温度可逐渐下降到白天15~20℃、夜间6~8℃。

3. 苗期光照管理

光照度和光照时数是黄瓜幼苗雌花形成的重要条件，低温短日照是促进雌花分化的有利条件之一，每天要日照8~10h。弱光易致秧苗徒长、强光易导致烤苗，应根据天气情况做好光照管理，低温寡照季节可考虑人工补光，高温强光季节要于中午时段适当遮阳。

4. 苗期通风管理

低温季节育苗的通风原则是随着温度的变化适当通风，一般于中午高温时段开顶风口进行通风排湿，基于温度变化确定通风时间长短；夏秋高温季节育苗，保持风口最大程度开放，只有当外界温度低于13℃时，夜间关闭风口，做好风口遮雨措施。

5. 苗期水肥管理

采用干湿交替方法进行苗期水分管理，出苗后基质相对含水量一般控制在60%~80%，当基质表面发白或幼苗出现失水萎蔫状，再行浇水。浇水宜在10:00前后进行，冬天浇水要注意浇水温度，不宜直接用冷水浇苗。根据秧苗长势及时补肥，一般每片真叶平展期结合浇水叶面喷淋0.1%~0.15%的育苗专用肥料。

八、壮苗标准

要求叶片深绿平展、节间短、下胚轴粗壮、根系发达、根坨紧实完整，秧苗长势均匀一致、无病虫害。冬春育苗日历苗龄40~45d、生理苗龄3~4片真叶，株高15cm左右、下胚轴基部径粗0.5cm以上；夏季育苗日历苗龄20~25d、生理苗龄2片真叶，株高12cm左右、下胚轴基部径粗0.3cm以上；深秋育苗日历苗龄30d、生理苗龄2~3片真叶，株高12~15cm、下胚轴基部径粗0.5cm以上（图3-10）。

图3-10　黄瓜壮苗

第五节　嫁接育苗

一、嫁接优势

嫁接是将植物的芽或枝（称接穗）接到另一植株（称砧木）的适当部位，使两者接合成一个新植株的技术。通过嫁接栽培，可有效克服连作危害、增强抗病性、提高耐低温能力、促进水肥的吸收利用、改善产品外观商品性，进而实现高产、丰产与绿色生产。

二、砧木类型

黄瓜嫁接常用的砧木有黑籽南瓜、白籽南瓜和黄/褐籽南瓜。

1. 黑籽南瓜

顾名思义，其种皮为黑色。黑籽南瓜根系强大，主根深入土层1m以上，主根系集中在30~50cm的土层中，能吸收大量水分，具有较强的耐旱、耐瘠薄能力,同时具有突出的耐低温和抗枯萎病能力,但嫁接后不能脱除黄瓜瓜条表面蜡粉,并且越是在高温强光时蜡粉越严重。

2. 白籽南瓜

种皮为白色,籽粒也较大,千粒重190g左右,白籽南瓜在高温条件下嫁接亲和力较高,能在一定程度上减轻瓜条表皮的蜡粉。

3. 黄/褐籽南瓜

种皮略显浅黄色和浅褐色,籽粒较小,千粒重100g左右。该类型砧木的个别品种,能够脱除瓜条表皮的蜡粉,使瓜条表皮亮绿有光泽,显著提高黄瓜的外观商品性。

三、嫁接方法

黄瓜嫁接常用的嫁接方法有贴接法、顶芽斜插法和靠接法,其中前两种嫁接方法适用于工厂化集约化育苗,后者更适用于个体育苗(图3-11)。嫁接前2d,接穗和砧木采用喷淋法浇透水,起到补水和清洁秧苗的作用,嫁接前1d,在叶面喷施1次广谱性杀菌剂。

图3-11 黄瓜嫁接苗

1. 贴接法

贴接法要求砧木第1片真叶直径2cm左右,接穗子叶平展、真叶未吐心。嫁接时,首先是削切砧木,即从砧木苗顶部紧靠一子叶基部,用刀片呈45°向另一子叶由上向下斜切,将该子叶连同心叶及腋芽一起切掉,注意不要削出砧木胚轴的髓腔,要求切面平滑,一刀完成,长度0.6~0.8cm;其次是削切接穗,即左手拇指和中指轻捏住接穗两片子叶,苗茎置于左手食指指尖,使刀片平行于子叶,在子叶下方1~1.5cm处自上而下斜切,角度30°~45°,要求切面平滑,一刀完成,切面长度与砧木的切面相吻合;最后是嫁接,即将切好的砧木苗和接穗苗切面对齐、对正,用嫁接夹将接口固定牢固,及时放入小拱棚中,并浇透水,覆盖遮阳。

2. 顶芽斜插法

本嫁接法的适宜苗龄为砧木株高6~7cm,茎粗0.6cm左右,第1片真叶2cm左右;接穗黄瓜苗高3cm,茎粗1.5~2mm,子叶平展,真叶吐心(图3-12)。为了达到上述苗龄要求,要注意砧木和接穗的错期播种,北京地区,在9月中旬至10月下旬育苗,可比砧木晚播4~5d,11月上旬育苗应比砧木晚播3~4d,11月中下旬育苗宜比砧木晚播2~3d,12月上中旬至翌年1月中旬则可酌情依室内温度条件,与砧木同时播种或晚播1~2d。嫁接时,第一步是砧木摘心,即用竹签刀的大斜面除去生长点和真叶,并仔细除去1对侧芽;第二步是斜插竹签,用拇指和食指捏住砧木子叶下的子叶节,竹签小斜面朝下,由砧木1片子叶中脉和子叶节交接处穿进,斜插

图3-12 黄瓜顶芽斜插法

到另一子叶下方0.2cm处,其深度以手指感触到竹签尖端,透过砧木表皮能看到竹签尖端而未插透为佳,插成后竹签暂时留在砧木上;第三步是削接穗,将黄瓜两片子叶合并,用中指托住黄瓜苗下胚轴,在子叶节下0.3cm处下刀,斜向下一刀削成0.4~0.5cm长的斜面,要求平整且尖端平直,切面平滑;第四步是斜插黄瓜接穗(即嫁接),从砧木中拔出竹签,将接穗斜面向下,斜插进竹签插孔,并用手轻按使伤口接合牢固,要防止接穗斜面插透砧木表皮或插入过浅过松,嫁接后接穗与砧木子叶平行,并斜靠在砧木的一片子叶上。

3. 靠接法

靠接方法简单易学,成活率高,是农村采用的主要嫁接方法,但是涉及后期接穗断根,增加了一定的工作量(图3-13)。应用靠接法,黄瓜较砧木南瓜早播种3~5d,选用生长高度相近的砧木和接穗幼苗进行嫁接,嫁接适期为南瓜两片子叶平展,黄瓜幼苗的第1片真叶刚出现。嫁接操作时,把黄瓜苗和南瓜苗连根取出,去掉南瓜苗真叶,用刀片在南瓜子叶下1cm处,按35°~40°向下斜切一刀,深度为茎粗的1/2,然后在黄瓜子叶下1.5~2cm处向上斜切一刀,角度30°左右,深度为茎粗的3/5,把两个切口互相嵌入,使黄瓜两片子叶压在南瓜子叶上面,用嫁接夹固定。

图3-13 黄瓜靠接法

四、嫁接苗管理

嫁接苗及时放入事先准备好的覆盖双层遮阳网的薄膜小拱棚内,用雾化效果好的喷雾器喷施洁净清水来增加小拱棚内空气相对湿度,达到90%~95%较为适宜(图3-14)。

图3-14　黄瓜嫁接苗管理

嫁接后前3d,保持遮阴、高湿和高温的环境促进愈合,空气湿度保持在90%以上,温度白天25~30℃、夜间18~22℃;第4~7d,撤掉一层遮阳网,并于每天早上和傍晚让苗床接受短时间的弱光照,适当放风降低小拱棚内的空气湿度,放风口的大小和通风时间的长短,以接穗不发生萎蔫为标准,其间依小拱棚内湿度大小,每天对嫁接苗喷雾1~2次,其中喷1次500倍液的百菌清可湿性粉剂,温度保持在白天22~28℃,夜间18~20℃;一般7d左右伤口即可愈合,可逐渐延长见光的时间,每天适宜光照的时间以瓜苗不发生严重萎蔫为标准,当黄瓜新叶开始生长标志嫁接成活,即可转入正常管理阶段(参照前述苗床管理)。

嫁接苗成活后,及时去掉嫁接夹,以防止嫁接夹对幼苗生长产生抑制作用,同时注意检查砧木的不定芽并及时去除。对于靠接法嫁接的幼苗,于嫁接苗成活后用剪刀在黄瓜嫁接口下方断根。

第六节 整地作畦

一、精细整地

整地前清洁田园，清除棚室内上茬作物的残茬及枯枝败叶、杂草、破旧地膜等杂物，带出室外安全处理。

黄瓜适宜生长的土壤应为疏松、肥沃、排水良好的土壤，要求整地时对土壤进行深松，黄瓜是持续坐果、连续采收的蔬菜作物，产量高、生长量大，对肥料养分需求较为旺盛，要根据土壤质地、有机质含量及肥力情况，结合整地做好底肥基施工作，底肥施用以微生物有机肥、优质农家肥为主，辅以磷、钾肥。根据栽培茬口及生育期长短，一般亩[①]施生物有机肥1 500~4 000kg或优质腐熟农家肥5~25m³，配合施用磷酸二铵20~40kg、硫酸钾10~15kg。有机肥可整地前撒施，或2/3撒施、1/3在作畦时沟施，化肥采用沟施方式。基肥撒施均匀后旋耕2~3次，深度30cm左右，越深越好，之后整平耙细，起垄作畦（图3-15）。

图3-15 黄瓜整地施肥

二、起垄作畦

根据灌溉方式，黄瓜生产建议采用梯台式高畦或瓦垄畦栽

---

① 1亩≈667m²，全书同。

培，前者适用于滴灌灌溉方式，后者适用于沟灌灌溉方式。梯台式高畦的规格，畦高30cm、上台面50~60cm、下台面70~80cm，相邻两畦中心距1.4~1.6m（即畦间操作道60~90cm）；瓦垄畦的规格，垄高20~25cm、小行垄中心距40cm、大行垄中心距1.2~1.4m，要求沟底平整，无明显坡度（图3-16）。

图3-16　黄瓜起垄作畦

第七节　地膜覆盖

一、地膜种类

目前市场上地膜类型较多，有无色透明地膜、银灰色地膜、除草地膜、降解地膜、黑色农膜、黑白色地膜、蓝色农膜、绿色农膜等，生产中要根据不同作物的特点和栽培季节选用适宜的地膜。

无色透明地膜：具有保温保墒功能，可明显提高地温，提高作物对光能的利用率，加速土壤有机质的腐化过程，提高肥效，保水抗旱，促进作物早熟、高产。

银灰色地膜：除有普通地膜的增温、增光、保墒及防病虫作用外，能反射紫外线，有明显的驱避蚜虫的效果。此外，增加地面反射光，利于果实着色。用于夏季蔬菜栽培，可降低地温。

黑色地膜：除有一般地膜的增温、增光、保墒及防病虫作用外，还有除掉各种杂草的良好效果，用于夏季蔬菜栽培，可以降低地温，利于根系的生长。

除草地膜：除有一般地膜的增温、增光、保墒及防病虫作用外，还具有防除田间杂草的功能，包括含化学除草剂的地膜和有色地膜。

黑白色地膜：地面覆盖时，一般让黑色面朝下，白色面朝上。它不但具有黑色地膜覆盖的作用，同时还有白色膜面反光的效果。适于秋冬茬大棚蔬菜地面覆盖栽培。

二、地膜覆盖

根据不同设施茬口的环境特点灵活应用地膜覆盖技术。在日光温室和塑料大棚的春茬生产中，由于定植时地温低，为了提高地温，应于定植前一周完成地膜覆盖；在日光温室秋冬茬和塑料大棚的秋茬生产中，由于定植期及生长前期温度较高，为了避免地温过高应延后覆盖，一般在第1次落秧之前进行覆盖，覆盖方式是两幅地膜对接式覆盖；在日光温室冬春茬（越冬茬）生产中，定植时地温适宜，为了促进根系的生长发育，一般于低温前或第1次落秧之前进行覆盖。

第八节 定植移栽

一、秧苗管理

定植前2~3d，针对苗床已发生病虫害针对性进行药剂防治，重点关注蓟马、粉虱、猝倒病、立枯病、霜霉病等病虫害，对于未发生明显病虫害的，也应集中喷施1次广谱杀虫剂和杀菌剂做好提前预防。根据秧苗健壮程度对幼苗进行分选与分级，淘汰劣苗。日光温室和塑料大棚春季生产茬口，应于定植前5~7d进行低温炼苗，温度逐渐下调到白天15~20℃、夜间6~8℃，并控制浇水。

二、定植

春季生产和日光温室冬春茬（越冬茬）生产选择连续晴天的上午定植（图3-17），春茬生产定植时应注意"10cm地温12℃、气温稳定通过5℃"的温度指标；塑料大棚秋茬和日光温室秋冬茬生产选择16∶00以后定植并做好翌日高温强光时段的遮阳。根据秧苗质量，将弱苗定植在设施中间部位。根据不同的栽培方式及畦式规格，密度控制在2 800~3 500株/亩。定植不要过深，以坨面与畦面持平为宜，定植后视土壤墒情浇灌定植水，春茬生产一般滴灌6~8m³/亩或沟灌10~15m³/亩，其他茬口一般滴灌10~12m³/亩或沟灌15~20m³/亩。

图3-17　黄瓜定植

三、定植后管理

(一) 缓苗期管理

定植后进入缓苗阶段,一般5~7d幼苗即可缓苗成活,此阶段以温度管理和中耕松土为主。春茬及冬春茬温度管理以"促"为主,定植后少通风,保持较高的棚温,白天28~30℃,最高不超过35℃,当幼苗生长点部位最高温度达到35℃时可由顶风口放风降温,待温度下降到30℃时再关闭风口,夜间做好保温,保持15~20℃;秋茬及秋冬茬温度管理以"控"为主,做好白天的通风管理和中午高温时段的遮阳。缓苗期间浅中耕1~2次,创造适宜的根系环境促进缓苗。当幼苗心叶生长、有新根发生时,表示缓苗成功,此时可浇灌1次缓苗水,滴灌3~4m³/亩或沟灌5~7m³/亩,若定植水充足可不浇缓苗水(图3-18)。

图3-18 黄瓜定植后期

(二) 蹲苗期管理

缓苗后,通过适当降低夜间温度以及中耕、控制灌溉等方式，促进根系的发育，抑制地上部生长，避免植株徒长。白天温度维持在25℃左右，夜间温度13~15℃。待秧苗生长到6~7片叶、生长点开始下垂时，要及时吊蔓。当根瓜进入膨大期，结合浇水每亩追施黄瓜专用水溶肥5~8kg（图3-19）。

图3-19　黄瓜蹲苗期

第九节　温室黄瓜温湿度调控

一、温度管理

不同季节应实行不同的温度管理策略。冬前阶段，即立冬节气至大雪节气，实行亚高温管理，保持白天25~30℃，最高不超过32℃，后半夜最低温度12℃左右，以防止植株旺长；严冬季节，高温管理是该阶段的核心，为了能够使温室内积蓄更多的热量，白天温度上限值控制到35℃，当生长点温度超过35℃时可由顶风口缓慢放风，当温度下降到30℃时再关闭风口，后半夜最低温度不低于8~10℃；春季前期，仍然要做好防寒保温工作，保持白天25~30℃，夜间最低温度不低于8~10℃；春季中期以后，以防止高温为主，一般4月下旬，设施内温度条件已满足黄瓜正常生长的温度需求，夜间保温被或草帘可不覆盖，当外界温度稳定在13℃时，设施风口在无雨天气条件下可昼夜开放。

二、光照管理

光是植物进行光合作用不可缺少的能量来源，只有在一定强度的光照条件下，植物才能正常生长、开花和结实。光照过强会导致植株生长受抑，在高温强光季节可覆盖遮阳或喷涂遮阳等措施避免强光伤害。移动式遮阳网覆盖遮阳，即应用遮光率50%的遮阳网，根据外界温度和光照情况适时进行遮阳降温，一般于晴天11：00—14：30覆盖，其余时间撤下；喷涂遮阳，则是应用新型遮阳降温涂料喷涂在棚膜上，起到遮阳降温效果。

黄瓜在瓜类作物中是比较耐弱光的，但光照不足，会导致植株生长发育不良，从而引起"化瓜"现象，低温寡照季节可采取以下措施改善光照条件。

选用高透光棚膜：扣棚膜时，选用高透光率PO膜（聚烯烃膜）。PO膜是保护地覆盖的理想材料，透光率比普通膜高10%左右。

保持棚膜清洁：棚膜在生产一段时间后由于积尘会导致透光率迅速下降，因此在生产过程中要经常打扫和擦洗。

保持植株的合理布局：一是掌握合适的栽培密度，一般以3 000~3 500株/亩为宜，密度过高会导致株间遮光；二是采用细绳吊蔓；三是采用南北畦大小行栽培，并进行南低北高的阶梯式落秧；四是及时摘除基部老叶、病叶，促进透光。

应用反光幕：应用反光幕可有效改善光照，但不要悬挂在北墙（会阻碍墙体蓄热），可将反光幕悬挂在顶风口下方，一方面可增强室内光照，另一方面在顶风口放风时起到缓冲的作用。

适时揭盖草苫或保温被：在保证温度的前提下，覆盖物尽量早揭晚盖，延长光照时间。

人工补光：人工光源种类较多，常用的温室人工光源有LED灯、镝灯、白炽灯、钠灯等。由于人工补光成本相对较高，可以根据生产情况选用（图3-20）。温室黄瓜LED补光适宜波长以660nm红光为主（60%～70%），搭配450nm蓝光（20%～30%）和少量730nm远红光（5%～10%），促进光合作用、开花结果及植株均衡生长。

图3-20　黄瓜补光

三、湿度管理

黄瓜生长适宜的空气相对湿度为60%～90%，湿度过低易导致叶片加速老化，湿度过高，尤其是夜间棚室的空气湿度过高，易诱发多种真菌性和细菌性病害。生产中，尤其是在冬季生产中，要综合应用地膜覆盖、节水灌溉、行间覆盖（如覆盖秸秆、稻壳等）、升温降湿、通风换气、科学浇水等办法防控棚室空气相对湿度过高，应用烟剂、粉尘剂替代喷雾进行病虫害防治（图3-21）。

通风换气包括自然通风和安装轴流风机强制通风两种方式，低温季节的通风换气采用"三段式放风法"，即第1次放风于早上温室外保温覆盖物卷起后，室内温度上升到15℃进行，时长

15~20min；第2次于中午高温时段进行，时长0.5~1h，若温度能保证在30℃以上，可适当延长放风时间；第3次于外保温覆盖物覆盖前进行，根据棚室温度把握在10~20min。

灌溉管理要把握"晴天浇阴天不浇、上午浇下午不浇、浇小不浇大、浇暗不浇明"等原则，灌溉后利用中午高温时段加强通风排湿。

图3-21 黄瓜湿度管理

第十节　温室黄瓜田间管理

一、土壤管理

土壤管理的重点是中耕松土，中耕松土是黄瓜高产栽培中重要的一项农艺措施，既可保持地表疏松干燥、降低空气相对湿度，减少病害的发生，又可避免土壤板结，改善土壤的理化性状，增加土壤的透气性，促进根系的生长（图3-22）。一般要求在缓苗期和蹲苗期各中耕松土1~2次，其后最好每次浇水追肥之后均中耕松土1次。对于日光温室冬春茬（越冬茬）生产，应于2月中旬,于大行间深中耕1次,结合中耕亩施入生物有机肥500~800kg。

图3-22 黄瓜土壤管理

二、植株落秧

落秧要综合考虑植株长势和植株高度,若植株有徒长现象,为了适当抑制营养生长,落秧时机可适当提前,若植株长势较弱,则可暂缓落秧,但无论何种情况,当植株生长点到达吊绳上端铁丝位置就要及时落秧。落秧时间选择晴天下午进行,这段时间植株韧性较好,以防造成植株损伤。每次落秧不要落秧过低,落秧后保持植株高度1.5~1.7m,维持功能叶片12~15片,并保证最下部叶片离地。落秧时应南侧稍低,北侧稍高,形成梯度,有利于植株接受阳光。

常用的落秧方式有两种,一种是原地盘蔓落秧(图3-23),落蔓时首先将缠绕在茎蔓上的吊绳松开,用手扶好黄瓜秧的中上部,顺势把茎蔓落于地面,切忌硬拉硬拽,将下部的黄瓜秧绕黄瓜定植穴部位绕大圈盘好。盘绕茎蔓时,要顺着茎蔓的弯打弯,不要硬打弯或反方向打弯,避免扭裂或折断茎蔓。另一种是移位落秧（图3-24），即黄瓜生长至固定高度以后，采用吊蔓钩移位落秧方式进行植株调整，即摘下落蔓钩放线1周，之后再悬挂在下一落蔓钩位置，以此类推，畦向尽头一株引向对侧悬吊拉丝。

图3-23　黄瓜原地盘蔓落秧

图3-24　黄瓜移位落秧

落秧前后2d内不要浇水，落秧后及时喷洒保护性杀菌剂，预防病害发生。基部老叶病叶、畸形瓜、侧枝的疏除等操作，不要与落秧同时进行，最好在落秧前2d择晴天上午完成上述田间操作，这样有利于植株伤口的愈合。

第四章

黄瓜高产高效水肥管理技术

第一节 温室黄瓜养分吸收规律

一、黄瓜的需肥特性

黄瓜生长快、结果多、喜肥，由于黄瓜的根系主要分布于土壤表面以下25cm左右，侧根的横向截面半径为30cm左右，而且黄瓜根系耐肥力弱、稀疏松散、根量较少，在土壤中分布较浅，难以利用根层以下的水分和养分。因此黄瓜喜肥而不耐肥、喜湿而不耐涝。黄瓜适宜在疏松、肥沃、有机质含量高、透气性好的土壤上栽培，黏重土壤不利于黄瓜根系发育。黄瓜属于亲肥的植物，对氮、磷、钾三要素的吸收量较大。而且，黄瓜产量越高，对养分的吸收也就越多，对地力的消耗也越大。黄瓜根系柔弱，易损坏，若肥料浓度过高会发生"烧根"现象，须根不再发展，根端呈现枯黄。严重时，植株的地上部分，表现为萎缩、叶小，生长不良，并且遭受损害之后很难再恢复生长。黄瓜通常生长在湿润的土壤环境中，需要大量的肥料保证生长但是却没有耐肥的特性,因此,黄瓜的灌溉施肥应该遵循少量多次的原则。

黄瓜全生育期需钾最多,其次是氮,再次是磷,产量水平为110t/hm²时,黄瓜全生育期吸收氮、磷、钾的量分别是191kg/hm²、75kg/hm²、282kg/hm²,比例为1∶0.39∶1.48。每形成1 000kg黄瓜果实需要吸收氮、磷、钾分别为1.74kg、0.68kg、2.56kg。从黄瓜不同生长阶段需要的养分含量来看,前期的生长速度比较缓慢,所需要的营养成分自然就比较少,而在后期黄瓜会迅速提高生长速度,对土壤中营养成分的吸收必然增多。以结果阶段为例,黄瓜对土壤中营养物质的吸收速度达到整个成长过程的峰值。因此,在生产过程中,在根瓜幼果期至采收期应加强追肥,以促进其生长发育及果实膨大期对养分的需求。

二、黄瓜的养分需求特征

(一)黄瓜干物质积累规律

黄瓜全生育期总干物质积累量呈"S"形增长,如图4-1所示,干物质的积累可分为3个阶段,在苗期(0~20d)缓慢增加,

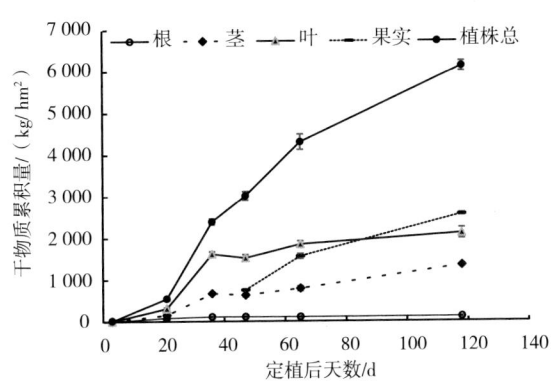

图4-1 黄瓜干物质累积动态

仅占整个生育期的9.0%；开花期到初果期（20~65d）快速增加，61.3%的干物质积累集中在这一阶段；结果后期（65~120d）增长变缓，占整个生育期的29.7%。不同生育时期积累量表现为结果期>开花期>苗期。根、茎、叶的干物质积累均呈现增长的趋势，在结果期果实的干物质累积量逐渐增加，而且果实的干物质累积量在初果期的增长速度更快。在结果后期，由于果实的形成和叶片的脱落，收获时干物质累积量表现为果实>叶>茎>根。

（二）主要营养元素含量的动态变化

1. 不同时期氮的吸收动态

黄瓜根、茎、叶中氮浓度在定植后逐渐降低，随着生物量的增加，稀释效应逐渐明显，如图4-2所示。其中，在整个生育期内黄瓜各器官氮浓度表现为叶>茎≈根，随着生育期的推迟，黄瓜叶片和茎中氮浓度在结果期下降明显，到结果后期，根和茎中氮浓度降低至20g/kg。黄瓜果实中氮浓度呈现先降低后升高的趋势，平均为35g/kg。

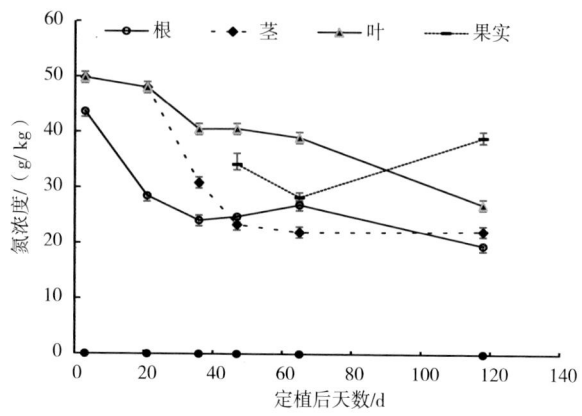

图4-2 黄瓜植物不同部位氮浓度的动态变化

2. 不同时期磷的吸收动态

随着生育期的增加，黄瓜不同器官磷浓度逐渐降低，如图4-3所示，根、茎、叶中磷浓度在苗期最高，为16.6~17.5g/kg，在结果后期降至2.7~5.6g/kg。果实中磷浓度在结果期由9.5g/kg降低至4.1g/kg。茎、叶中磷浓度在结果期为2.7~5.8g/kg。

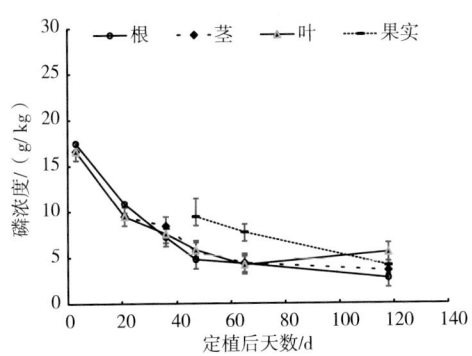

图4-3 黄瓜植物不同部位磷浓度的动态变化

3. 不同时期钾的吸收动态

黄瓜全生育期各个器官钾浓度逐渐降低，如图4-4所示，各器官钾浓度表现为叶>茎>根，随着生育期的推迟，黄瓜叶片和

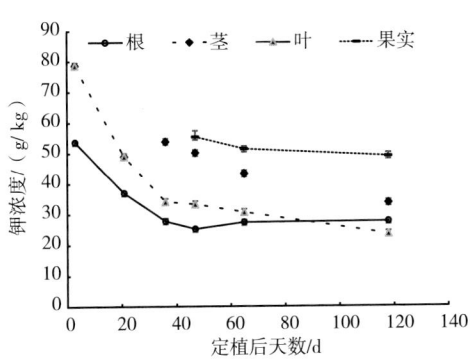

图4-4 黄瓜植物不同部位钾浓度的动态变化

茎中钾浓度在结果期下降明显，到结果后期，根和茎中钾浓度分别降低至27.7g/kg和33.7g/kg。黄瓜果实中钾浓度呈现逐渐降低的趋势，果实钾浓度在49.0~59.3g/kg。

（三）主要营养元素在黄瓜体内的积累量

1. 不同时期氮素积累动态

氮素总积累量呈现逐渐增加的趋势，积累量呈"S"形增长，如图4-5所示。在苗期，氮素积累量缓慢增长，开花期以后，氮素积累量进入快速增长期，在结果后期，黄瓜氮素积累量增长速度变缓。苗期氮素积累量最低，占总积累量的13.1%，开花期到结果初期积累量最大，占55.2%。根、茎、叶中氮素积累量随着生育期的增加而逐渐升高，其中叶片中氮素积累量先缓慢升高后迅速增加，在结果期增长变缓。果实氮素积累量呈现逐渐增加的趋势，整个生育期黄瓜果实氮素积累量占植株氮素总积累量的38.3%。

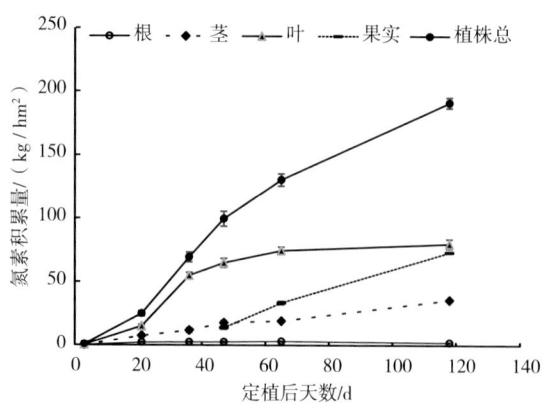

图4-5 黄瓜植株不同部位氮积累量的动态变化

2. 不同时期磷素积累动态

磷素积累量呈现逐渐增加的趋势，如图4-6所示。开花期以后,磷素积累量快速增长,在结果期磷素积累量增长速度变缓。苗期磷素积累量最低,占总积累量的13.1%,开花期到结果初期积累量最大,占55.2%。根、茎、叶中磷素积累量随着生育期的增加而逐渐升高,其中叶片中磷累积量逐渐增加,在结果期增长变缓。果实磷素积累量呈现先快速增加,在结果后期出现增长变缓的趋势,整个生育期黄瓜果实磷素积累量占植株磷素总积累量的40.5%。

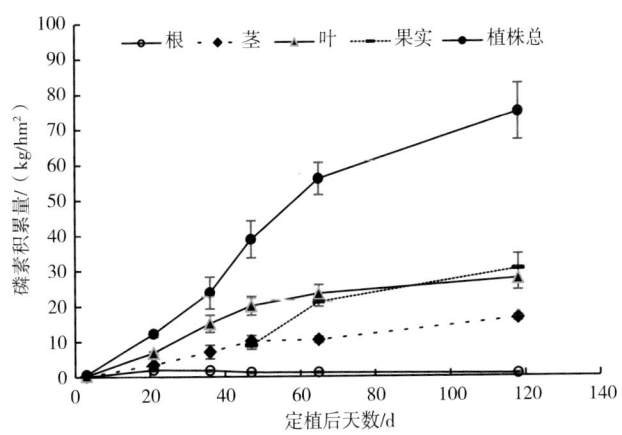

图4-6 黄瓜植株不同部位磷积累量的动态变化

3. 不同时期钾素积累动态

黄瓜钾积累动态与氮相似,积累量呈"S"形增长,如图4-7所示。在结果期,钾素积累量快速增长。苗期钾素积累量最低,占总积累量的11.1%,大部分钾素积累在结果期。根、茎、叶中钾素积累量随着生育期的增加而逐渐升高,其中叶片中钾素积累量先缓慢升高后迅速增加,在结果期增长变缓。果实钾素积累量呈现逐渐增加的趋势,整个生育期黄瓜果实钾素积累量占植株钾素总积累量的41.5%。

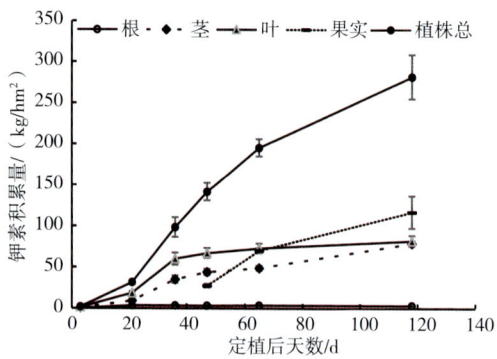

图4-7 黄瓜植株不同部位钾积累量的动态变化

第二节 温室黄瓜缺素症状及防治措施

一、黄瓜缺氮症状

黄瓜缺氮，植株矮小，植株生长缓慢，植株矮化，叶片从下部开始逐渐黄化，严重时整个叶片变黄，叶脉仍保持绿色。茎秆细长而脆弱，根系不发达，果蒂呈浅黄色。果实表面刺瘤增多，侧芽呈休眠状态或枯萎，花和果实少，成熟提早，果实顶端尖细，呈亮黄色或灰绿色（图4-8）。

图4-8 黄瓜叶片缺氮症状

防治方法：施用完全腐熟的堆肥，可以提高地力，改善土壤氮素养分供应，但是施用新鲜的有机物时要防止氮不足，低温时施用硝态氮补充效果较好，缺氮时叶面喷施0.2%～0.5%的尿素，每亩追施硝酸钾11.5kg或尿素8.5kg，施后浇水。

二、黄瓜缺磷症状

黄瓜缺磷，导致整株叶片发僵。生长初期叶片小、硬化、叶色浓绿；子叶和老叶出现大块水渍状斑，并向幼叶蔓延，斑块逐渐变褐干枯，叶片凋萎脱落。定植后，果实生长停滞，成熟晚，叶色浓绿，下位叶枯死或脱落。磷过量时会出现下部叶片失绿的现象（图4-9）。

防治方法：土壤中的有效磷含量应保持在30mg/kg以上，低于此指标时，应补充过磷酸钙，尤其是苗期的黄瓜苗，可在叶面喷施0.2%～0.3%的磷酸二氢钾2～3次。

图4-9　黄瓜叶片缺磷症状

三、黄瓜缺钾症状

黄瓜缺钾，叶缘淡褐色坏死，瓜条大头细尾。缺钾叶片老叶先出现症状，自下而上沿叶缘黄化，老叶叶尖出现失绿花斑并坏死（图4-10）。

防治方法：黄瓜对钾肥吸收量是吸收氮肥的一半，采用配方施肥技术，确定施肥量时应予注意。土壤中缺钾时可用硫酸钾，每亩施入3~4.5kg，一次施入。应急时也可叶面喷洒0.2%~0.3%磷酸二氢钾或1%草木灰浸出液。

图4-10　黄瓜叶片缺钾症状

四、黄瓜缺钙症状

黄瓜缺钙，上位叶卷曲，叶脉间发黄。叶片上出现褐色斑点，叶片僵硬，老叶会出现向下弯曲的现象。整个植株显得矮小，黄瓜果实小且味道差（图4-11）。

防治方法：在普施腐熟有机肥和磷、钾肥的基础上，沙质土壤宜增施钙镁磷肥、过磷酸钙、硝酸钙等含钙肥料；每100kg水中加1~2kg过磷酸钙，搅拌半小时，浸泡一段时间，上面的清液就可以喷洒施用，也可选择氨基酸钙、腐殖酸钙、生物钙肥等，在吸收钙的高峰期进行喷施。适量的硼可促进黄瓜叶片制造的碳水化合物向根中输送，促发新根，有利于钙的吸收。

图4-11　黄瓜果实缺钙症状

五、黄瓜缺镁症状

黄瓜缺镁，初期老叶片叶脉之间叶肉褪绿黄化，形成斑驳花叶，叶片发硬，叶缘稍向上卷翘但不褪绿。重症时会向上部叶片发展，逐渐黄化，直至白化枯干死亡。后期叶片除叶脉、叶缘残留绿色外，其他部位全部黄白化，严重时叶片自下而上逐渐枯死（图4-12）。

防治方法：避免土壤偏酸或偏碱，保持适宜的土壤pH值，有利于镁的吸收。出现缺镁症状时，可结合浇水冲施硫酸镁2.2~3kg/亩，或叶面喷施0.4%硫酸镁或0.4%氯化镁溶液，每5~7d喷1次，连喷2~3次。

图4-12 黄瓜叶片缺镁症状

六、黄瓜缺硼症状

黄瓜缺硼，幼叶心叶暗绿，生长点附近叶萎缩枯死，叶片外卷畸形，叶缘黄，叶脉萎缩，茎蔓发生龟裂。正在膨大的果实畸形，带有纵向的白色条纹，果实上有污点，果实表皮出现木质化（图4-13）。

防治方法：增施优质腐熟的有机肥，提高土壤的保水保肥能力，增施磷肥，都可促进黄瓜对硼的吸收。

图4-13 黄瓜果实缺硼症状

也可用0.12%～0.25%的硼砂或硼酸水溶液喷洒叶面，每5～7d喷1次，连喷2～3次。

七、黄瓜缺锰症状

黄瓜缺锰，中位叶变黄，叶肉失绿，叶脉仍为绿色，叶脉呈绿色网状。叶肉凸起，叶片皱缩，生长停止。新叶细小，中位叶边缘失绿较重，叶缘下垂。芽的生长严重受阻，常呈黄色（图4-14）。

图4-14　黄瓜叶片缺锰症状

防治方法：增施有机肥，提高土壤的缓冲能力，对于缺锰的土壤，定植前可施入硫酸锰6～10kg/亩。对已出现的缺锰现象，可叶面喷施0.2%～0.3%的硫酸锰或氯化锰，并加入0.3%的生石灰，每10d喷1次，连喷2～3次。

八、黄瓜缺铁症状

黄瓜缺铁，植株新叶、腋芽开始变黄白色，上位叶及生长点附近的叶片和新叶叶脉先黄化，逐渐失绿，但叶脉间不会出现坏死斑。新生黄瓜皮色发黄，新叶的叶脉黄化，逐渐全叶黄化，但叶脉间不会出现坏死症（图4-15）。

图4-15 黄瓜叶片缺铁症状

防治方法：注意土壤水分管理，防止土壤过干、过湿。缺铁土壤可施用硫酸亚铁2~3kg/亩作底肥。黄瓜缺铁时可叶面喷施0.2%~0.5%硫酸亚铁水溶液1~2次，可使叶面复绿。

九、黄瓜缺铜症状

黄瓜缺铜，顶叶上卷呈杯状，瓜顶部尖细。植株节间短，全株呈丛生状。幼叶小，老叶脉间出现失绿现象。后期叶片呈粗绿色到褐色，并出现坏死，叶片枯黄（图4-16）。

防治方法：每亩施1~2kg的硫酸铜作底肥，或叶面喷施0.2%~0.4%硫酸铜溶液。在防治病害时，也可以预防性地补充含铜元素的农药，如波尔多液、铜高尚、加瑞农等。

图4-16 黄瓜叶片缺铜症状

十、黄瓜缺锌症状

黄瓜缺锌，植株蹲座，顶芽生长受阻，叶片不规则黄化，莲座状，叶片发黄，外卷，节间短，叶较硬，叶脉比正常叶清晰，新叶不黄化，植株呈现出类似病毒病症状。也要注意锌过量会诱发缺铁症（图4-17）。

防治方法：可底肥施用硫酸锌，在下茬定植以前施用硫酸锌1.0～1.5kg/亩。土壤磷素过多会影响锌的吸收，应避免过量施用磷肥。如发现黄瓜表现缺锌症状，可以用0.1%～0.2%的硫酸锌或氯化锌水溶液进行叶面喷施。

图4-17 黄瓜叶片缺锌症状

十一、黄瓜缺钼症状

黄瓜缺钼，早期症状与缺氮相似，叶片脉间失绿变黄，出现斑点，叶缘和叶脉间的叶肉呈黄色斑状，叶缘向上卷曲呈杯状，叶尖萎缩，新叶出症状较迟。植株生长势差，常造成植株开花不结瓜（图4-18）。

防治方法：钼、磷、硫三元素间存在着复杂的

图4-18 黄瓜叶片缺钼症状

关系，相互影响并相互制约。磷会增强植物吸收钼的能力，硫也会加重钼的缺乏。黄瓜缺钼可采用叶面喷施0.02%~0.05%的钼酸铵水溶液，或在灌溉水中施用钼酸钠。

十二、黄瓜缺硅症状

黄瓜缺硅，中部叶弯曲肥厚。植株的茎秆脆弱，抗病性下降，根系发育不良。果实品质下降，果实的硬度和光泽受到一定影响。

防治方法：黄瓜对硅的需求相对较低，并不是黄瓜必需的大量营养元素。如果确实确定黄瓜缺硅，可以通过施用含硅的肥料，如硅酸盐矿物粉、硅钙肥等。也可通过叶面喷施含硅的叶面肥来补充硅元素。

第三节 温室黄瓜水肥精准调控技术

温室黄瓜种植基本均应用水肥一体化施肥技术，但现阶段农户施肥观念更新慢，温室黄瓜水肥一体化施肥还存在养分配比不科学，投入量和投入时期不合理（投入量和投入结构）等问题，造成结果晚、果实产量不高，糖酸比、维生素C含量等品质较低，经济价值没有充分发挥。基于水肥一体化的施肥调控能够准确及时地提供养分以满足黄瓜在不同时期对养分和水分的需求。针对不同地力水平设计了全生育期黄瓜灌溉施肥套餐，在提高肥料利用率的同时，全面提高黄瓜的产量和品质，同时获得更高的经济收益和更低的环境资源代价（图4-19）。

图4-19 田间试验验证

一、黄瓜灌溉施肥制度设计

为解决目前设施有机肥施用过多、生育期内水肥过量等资源浪费和投入大损失严重的问题，实现生育期水肥供应与养分需求的匹配，针对日光温室黄瓜栽培体系，集成测土配方施肥技术、有机肥替代化肥技术、水肥一体化技术，按照目标产量法计算氮、磷、钾养分需求量，根据氮肥总量控制，磷、钾恒量监控方法计算氮、磷、钾推荐施肥量，依据作物养分需求规律分配不同时期养分用量（表4-1），研究制定了适合黄瓜全生育期的灌溉施肥套餐（表4-2、表4-3），结合灌溉制度制定灌溉施肥制度（表4-4），在获得黄瓜高产的同时，改善黄瓜的品质，提高肥料的利用率，同时使农民获得更高的经济收益。

表4-1 黄瓜不同时期养分用量

地力水平	追肥推荐施肥量/（kg/亩）			苗期+花期/（kg/亩）			瓜期/（kg/亩）		
	氮(N)	五氧化二磷(P_2O_5)	氧化钾(K_2O)	氮(N)	五氧化二磷(P_2O_5)	氧化钾(K_2O)	氮(N)	五氧化二磷(P_2O_5)	氧化钾(K_2O)
低	23.8	4.8	34.6	5.4	1.6	6.1	18.4	3.2	28.5

（续表）

地力水平	追肥推荐施肥量/（kg/亩）			苗期+花期/（kg/亩）			瓜期/（kg/亩）		
	氮(N)	五氧化二磷(P_2O_5)	氧化钾(K_2O)	氮(N)	五氧化二磷(P_2O_5)	氧化钾(K_2O)	氮(N)	五氧化二磷(P_2O_5)	氧化钾(K_2O)
中	18.8	3.9	28.1	4.2	1.3	5.0	14.5	2.6	23.1
高	16.3	3.3	23.8	3.7	1.1	4.2	12.6	2.2	19.6

表4-2 黄瓜不同时期水溶肥配方

地力水平	苗期+花期/（kg/亩）				瓜期/（kg/亩）			
	N	P_2O_5	K_2O	用量	N	P_2O_5	K_2O	用量
低	22	6	24	24.4	20	5	30	91.9
中	22	6	24	19.3	20	5	30	72.6
高	22	6	24	16.7	20	5	30	62.9

表4-3 设施黄瓜春茬施肥套餐

地力水平	基肥/（kg/亩）		追肥/（kg/亩）					
	定植前		苗期+花期			瓜期		
	品种	用量	配方	用量	次数	配方	用量	次数
低	商品有机肥	848	22-6-24	24.4	4	20-5-30	91.9	20~25
中		689	22-6-24	19.3	4	20-5-30	72.6	20~25
高		583	22-6-24	16.7	4	20-5-30	62.9	20~25

表4-4 设施黄瓜灌溉施肥制度

地力水平	施肥品种	定植前				苗期+花期					瓜期				
		施肥/(kg/亩)		灌溉/(m³/亩)		施肥/(kg/亩)			灌溉/(m³/亩)		施肥/(kg/亩)			灌溉/(m³/亩)	
		施肥次数	每次施肥量	灌溉次数	每次灌水量	水溶肥配方	施肥次数	每次施肥量	灌溉次数	每次灌水量	水溶肥配方	施肥次数	每次施肥量	灌溉次数	每次灌水量
低	商品有机肥	1	848	1	20~25	22-6-24	4	6.1	4	4-6	20-5-30	25	3.7	25~30	6~7
中		1	689	1	20~25	22-6-24	4	4.8	4	4-6	20-5-30	25	2.9	25~30	6~7
高		1	583	1	20~25	22-6-24	4	4.2	4	4-6	20-5-30	25	2.5	25~30	6~7

二、黄瓜优化施肥效果验证

为验证黄瓜灌溉施肥制度应用效果，分别在昌平银黄（低肥力）、房山弘科农场（中肥力）、昌平金六环（高肥力）3个基地开展试验。黄瓜种植品种为北农佳秀，栽培方式均为畦栽，采用滴灌方式，种植密度为45 000株/hm^2，春茬栽培3月初定植，7月底收获。试验设计4个处理，3次重复。分别是CK_1（不施有机肥、不施化肥处理），CK_2（优化有机肥、不施化肥处理），FP（农民习惯处理），OPT（优化施肥处理）。各处理具体施肥量如表4-5所示。各处理灌水制度一致，定植之前灌水300~375m^3/hm^2；苗期+花期灌水4次，每次60~90m^3/hm^2；瓜期灌水25~30次，每次90~105m^3/hm^2。

表4-5 试验各处理不同时期生育期施肥管理

土壤肥力水平	试验处理	基肥/（t/hm^2）		追肥/（kg/hm^2）					
		定植前		苗期+花期			结果期		
		品种	用量	配方	用量	次数	配方	用量	次数
低	CK_1	—	—	—	—	—	—	—	—
	CK_2	商品有机肥	12.7	—	—	—	—	—	—
	FP	商品有机肥	70.0	—	—	—	16-8-34	2 250	15
	OPT	商品有机肥	12.7	22-6-24	366	4	20-5-30	1 379	25
中	CK_1	—	—	—	—	—	—	—	—
	CK_2	商品有机肥	10.3	—	—	—	—	—	—
	FP	商品有机肥	75.0	—	—	—	19-8-27	1 680	16
	OPT	商品有机肥	10.3	22-6-24	288	4	20-5-30	1 088	25
高	CK_1	—	—	—	—	—	—	—	—
	CK_2	商品有机肥	8.7						

（续表）

土壤肥力水平	试验处理	基肥/（t/hm²）		追肥/（kg/hm²）					
		定植前		苗期+花期			结果期		
		品种	用量	配方	用量	次数	配方	用量	次数
高	FP	商品有机肥	60.0	—	—	—	16-8-34	1 800	12
	OPT	商品有机肥	8.7	22-6-24	252	4	20-5-30	938	25

（一）优化施肥对黄瓜产量的影响

如图4-20所示，3个试验点CK_1产量均最低，OPT与FP产量

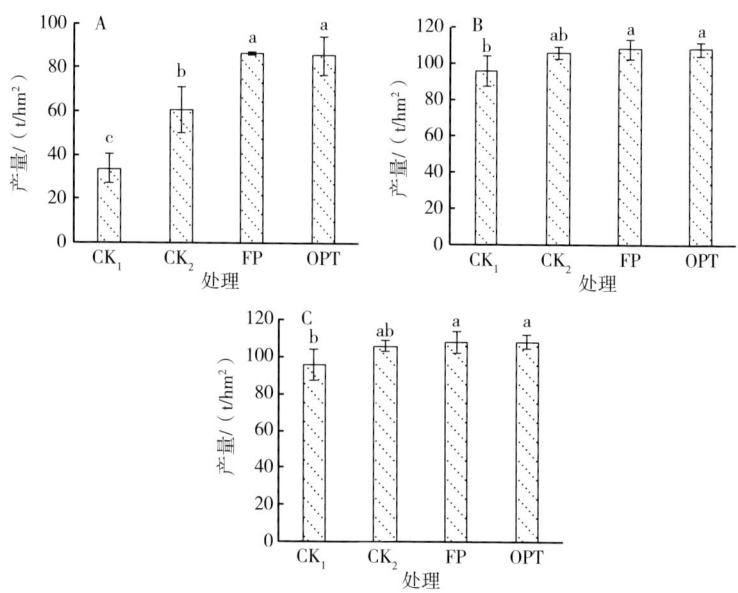

A—昌平银黄试验点；B—房山弘科农场试验点；C—昌平金六环试验点。

图4-20　不同施肥处理对黄瓜产量的影响

注：标有不同小写字母者表示处理间差异显著（$P<0.05$），标有相同小写字母者表示处理间差异不显著（$P>0.05$）。

均无显著差异。房山弘科农场试验点和昌平金六环试验点CK_2与施肥处理（FP、OPT）相比产量无显著差异，然而昌平银黄试验点由于其土壤肥力属于低肥力水平，CK_2与施肥处理产量差异显著，分别比FP、OPT减少30%、29%。以上试验结果表明，OPT处理在大幅减少肥料用量的条件下，与FP相比产量不减，且表现稳产；低肥力土壤上施肥显著增加黄瓜产量。

（二）优化施肥对黄瓜品质的影响

如表4-6所示，3个试验点CK_1、CK_2硝酸盐含量显著低于施肥处理（FP、OPT），FP处理硝酸盐含量均最高，OPT比FP硝酸盐含量分别降低21%、16%和17%。其中低、中肥力地块试验点各处理维生素C含量差异不显著，高肥力地块试验点维生素C含量OPT处理与其他处理相比差异显著。3个试验点施肥处理OPT与FP相比，可溶性糖均有所增加，分别增加17.0%、7.9%和6.2%。昌平银黄试验点和昌平金六环试验点OPT与FP相比可溶性蛋白差异不显著，房山弘科农场试验点OPT与FP相比，可溶性蛋白增加了19.1%。

表4-6 不同施肥对黄瓜品质的影响

土壤肥力水平	试验处理	硝酸盐含量/（mg/kg）	维生素C/（mg/100g）	可溶性糖/%	可溶性蛋白质/（mg/g）
低	CK_1	310 b	3.1 a	5.3 ab	2.16 ab
	CK_2	339 b	4.0 a	5.3 ab	2.39 a
	FP	384 a	3.8 a	5.1 b	1.88 c
	OPT	304 b	4.1 a	5.9 a	1.92 bc

（续表）

土壤肥力水平	试验处理	硝酸盐含量/（mg/kg）	维生素C/（mg/100g）	可溶性糖/%	可溶性蛋白质/（mg/g）
中	CK_1	209 b	2.4 a	5.0 b	2.32 b
	CK_2	220 b	2.0 a	5.4 ab	2.87 a
	FP	262 a	2.3 a	5.9 ab	2.38 b
	OPT	221 b	2.2 a	6.4 a	2.84 a
高	CK_1	319 b	1.5 b	4.8 a	1.62 b
	CK_2	318 b	1.7 b	5.0 a	1.88 b
	FP	423 a	2.4 ab	5.0 a	2.44 a
	OPT	351 b	2.6 a	5.3 a	2.39 a

（三）优化施肥的节肥效果

1. 总养分节肥效果

OPT处理施肥根据作物养分需求规律设计，节肥效果显著。如图4-21所示，3个试验点OPT于FP相比，总养分N（氮）分别节约248kg/hm²、420kg/hm²、606kg/hm²；总养分五氧化二磷（P_2O_5）分别节约315kg/hm²、434kg/hm²、447kg/hm²；总养分氧化钾（K_2O）分别节约318kg/hm²、377kg/hm²、452kg/hm²；N、P_2O_5、K_2O节肥率分别为38%、73%、51%；49%、78%、49%；53%、78%、53%。

2. 化肥纯养分节肥效果

OPT处理施肥根据作物养分需求规律设计，节肥效果显著。如图4-21所示，3个试验点OPT于FP相比，化肥纯养分N、P_2O_5、

K$_2$O分别节约4kg/hm^2、111kg/hm^2、351kg/hm^2；化肥纯养分P$_2$O$_5$分别节约38kg/hm^2、80kg/hm^2、127kg/hm^2；化肥纯养分K$_2$O分别节约99kg/hm^2、97kg/hm^2、205kg/hm^2；N、P$_2$O$_5$、K$_2$O节肥率分别为1%、62%、46%；12%、60%、28%；29%、67%、42%。

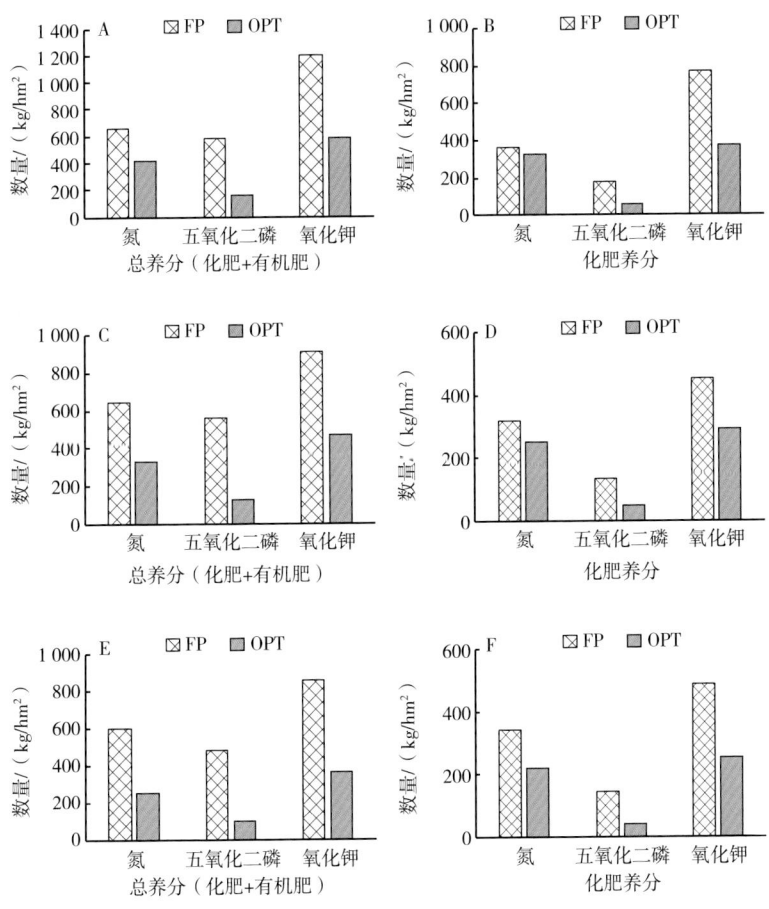

A、B—昌平银黄试验点；C、D—房山弘科农场试验点；
E、F—昌平金六环试验点。

图4-21　优化施肥节肥效果

(四)优化施肥对收获期土体速效磷分布的影响

从图4-22中可知,3个试验点不同施肥处理速效磷在根层有大量积累,耕层以下骤减。在0~20cm土层中,3个试验点各处理速效磷含量差异显著,FP处理速效磷均最高,3个试验点OPT处理土壤速效磷比FP处理分别减少43%、12%和1%,20~40cm和40~60cm土层各处理速效磷含量差异不显著,说明施肥对耕层土壤速效磷含量提高发挥极大作用。

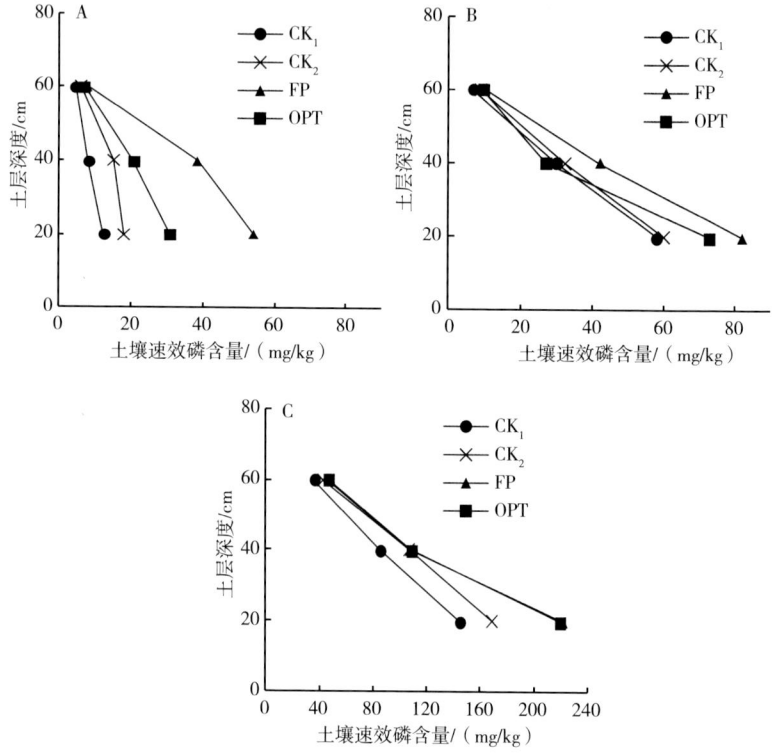

A—昌平银黄试验点;B—房山弘科农场试验点;C—昌平金六环试验点。

图4-22 不同施肥处理对土壤速效磷含量的影响

（五）优化施肥经济效益

表4-7所示，3个试验点中昌平银黄试验点和房山弘科农场试验点优化施肥处理（OPT）经济效益均最高，昌平金六环试验点CK_2经济效益最高。昌平银黄试验点CK_1处理经济效益最低，而房山弘科农场试验点和昌平金六环试验点FP处理经济效益最低，这主要与昌平银黄试验点土壤肥力低有关，不施肥处理产量低，而房山弘科农场试验点及昌平金六环试验点中、高肥力CK处理产量较高，这与FP处理施肥成本高有关。与FP处理相比，昌平银黄、房山弘科农场和昌平金六环这3个试验点OPT处理增加效益分别为31 726元/hm^2、64 267元/hm^2、33 784元/hm^2，增加率分别为11%、24%、9%。

表4-7 不同施肥对黄瓜经济效益的影响

试验地点	试验处理	总收入/（元/hm^2）	有机肥成本/（元/hm^2）	水溶肥成本/（元/hm^2）	施肥成本/（元/hm^2）	经济效益/（元/hm^2）	增加效益/（元/hm^2）	增加率/%
昌平银黄	CK_1	135 675	0	0	0	135 675	-148 599	-52
	CK_2	243 028	6 360	0	6 360	236 668	-47 606	-17
	FP	346 254	34 980	27 000	61 980	284 274	—	—
	OPT	343 296	6 360	20 936	27 296	315 999	31 726	11
房山弘科农场	CK_1	282 631	0	0	0	281 940	15 500	6
	CK_2	303 811	5 168	0	5 168	315 853	49 413	19
	FP	312 093	37 500	20 160	57 660	266 440	—	—
	OPT	312 924	5 168	16 506	21 674	330 707	64 267	24

（续表）

试验地点	试验处理	总收入/（元/hm²）	有机肥成本/（元/hm²）	水溶肥成本/（元/hm²）	施肥成本/（元/hm²）	经济效益/（元/hm²）	增加效益/（元/hm²）	增加率/%
昌平金六环	CK_1	382 630.67			0	382 631	2 137	1
	CK_2	423 811.48	4 373		4 373	419 439	38 946	10
	FP	432 093.25	30 000	21 600	51 600	380 493	—	—
	OPT	432 923.87	4 373	14 274	18 647	414 277	33 784	9

注：黄瓜按照4元/kg计算，有机肥500元/t，水溶肥12元/kg。

与农民习惯施肥处理（FP）相比，优化施肥处理（OPT）在大幅度减少肥料用量的情况下不减产，并且黄瓜硝酸盐含量显著降低。在3个不同肥力试验点，优化施肥处理（OPT）节约化肥N、P_2O_5、K_2O（纯养分）分别为4~351kg/hm²、38~127kg/hm²、99~205kg/hm²，昌平银黄、房山弘科农场和昌平金六环这3个试验点黄瓜硝酸盐含量分别降低21%、16%和17%，经济效益分别增加11%、24%、9%，节肥增收效果显著。同时昌平银黄、房山弘科农场和昌平金六环这3个试验点土壤速效磷分别减少43%、12%和1%，有助于降低菜田磷富集和面源污染风险。

第四节　温室黄瓜生物刺激素提质增效技术

生物刺激素属于环境友好型的天然激素，通过追肥和叶面施用生物刺激素类物质，改良土壤，能促进或调节作物生长，提升作物品质。近年来，生物刺激素类物质迅速发展，为复合型和功能型新肥料产品的研发注入了新的活力，推动了含腐植酸和氨基酸等水溶性肥料的大力发展。目前市场上含生物刺激素水溶肥料种类繁多，不同产品应用效果差异也较大。因此选择适宜的生物刺激素种类，从而提高温室栽培黄瓜的产量及品质，不仅能使温室黄瓜合理施肥，也能促进温室黄瓜生产可持续发展（图4-23）。

图4-23 黄瓜生物刺激素提质增效田间试验

一、生物刺激素的选用

目前被国内外学者公认的生物刺激素主要有5类，即腐植酸、蛋白质水解物与氨基酸、海藻提取物、微生物菌剂、壳聚糖和几丁质及其衍生物。为明确不同生物刺激素在黄瓜上的应用效果，在北京市密云区密云菜园合作社开展田间试验，研究不同生物刺激素对黄瓜产量、品质等的影响，筛选最适宜生物刺激素种类，为选择适合温室黄瓜种植的生物刺激素种类及其实际应用提供理论依据。

二、效果验证

试验于2021年9月至翌年3月在北京市密云区密云菜园合作社49号棚进行。试验设计5个处理，3次重复。CK（清水对照），T1（腐植酸）、T2（氨基酸）、T3（有机碳）、T4（海藻）。供试黄瓜品种为中农26号。各处理有机肥品种及施用量一致。各处理灌水量和灌水时间也一致。各处理追肥种类、追肥次数一致。各生物刺激素处理（T1、T2、T3、T4）较CK处理每次追肥用量减少20%，如表4-8所示。

表4-8　试验各处理不同时期施肥量分配

试验处理	基肥/(t/hm^2)		追肥/(kg/hm^2)						化学纯养分/(kg/hm^2)		
	定植前		苗期+花期			结瓜期			N	P_2O_5	K_2O
	品种	用量	配方	用量	次数	配方	用量	次数			
CK				240	4		900	15	246	63	342
T1	商品有机肥	30	22-6-24	192	4	20-5-30	720	15	197	50	274
T2				192	4		720	15	197	50	274
T3	商品有机肥	30	22-6-24	192	4	20-5-30	720	15	197	50	274
T4				192	4		720	15	197	50	274

（一）不同生物刺激素对黄瓜生长的影响

如表4-9所示，不同生物刺激素对黄瓜的株高均有显著的促进作用，对照（CK）的平均株高为118.1cm，各生物刺激素处理平均株高较CK增幅为12.9%～22.4%。各生物刺激素处理株高差异不显著，其中海藻肥处理（T4）株高值最大，为144.5cm，较腐植酸（T1）、氨基酸（T2）、有机碳（T3）分别增加8.3%、3.4%和0.8%。

不同生物刺激素均可增加黄瓜植株茎粗值，对照（CK）的平均茎粗为9.0mm，各生物刺激素处理平均株高较CK增幅为8.3%～29.4%。各生物刺激素处理茎粗差异不显著，其中T1处理茎粗值最大，为11.7mm，较T2、T3、T4分别增加17.3%、16.1%和16.3%。

表4-9　不同施肥处理对黄瓜生长的影响

试验处理	株高/cm	茎粗/mm	叶绿素/(mg/g)	叶面积/cm^2
CK	118.1 ± 4.36 b	9.0 ± 1.15 b	18.5 ± 0.36 b	90.5 ± 1.78 c
T1	133.4 ± 2.16 a	11.7 ± 0.79 a	18.5 ± 0.25 b	104.7 ± 1.79 b
T2	139.8 ± 2.37 a	10.0 ± 0.77 ab	20.1 ± 0.35 a	104.6 ± 4.6 b
T3	143.4 ± 8.21 a	10.1 ± 0.44 ab	19.0 ± 0.28 b	130.0 ± 5.4 a
T4	144.5 ± 4.66 a	10.0 ± 0.26 ab	20.3 ± 0.42 a	101.2 ± 1.6 b

不同生物刺激素均可增加黄瓜叶绿素含量，对照（CK）的平均叶绿素含量为18.5mg/g，各生物刺激素处理平均叶绿素含量较CK增幅为0.3%～9.8%。各生物刺激素处理叶绿素差异不显著，其中T4处理叶绿素值最大，为20.25mg/g，较T1、T2、T3处理分别增加9.4%、0.7%和6.4%。

不同生物刺激素均可增加黄瓜叶面积，对照（CK）的平均叶面积值为90.5cm^2，各生物刺激素处理平均叶面积较CK增幅为11.7%～43.5%。各生物刺激素处理叶面积差异不显著，其中T3处理叶面积值最大，为130.0cm^2，较T1、T2、T4分别增加24.2%、24.2%和28.5%。

（二）不同生物刺激素对黄瓜产量的影响

由图4-24可知，不同生物刺激素对黄瓜均有明显的增产作用，较CK增产幅度为0.7%～12.8%。其中海藻肥处理（T4）产量最高为94.1t/hm^2，分别比腐植酸处理（T1）、氨基酸处理（T2）、有机碳处理（T3）增加7.0%、5.8%和12%。

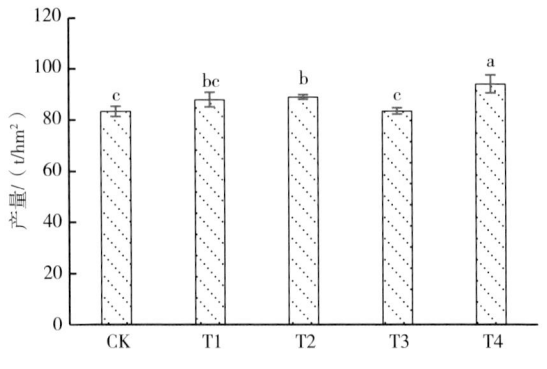

图4-24　不同施肥处理对黄瓜产量的影响

（三）不同生物刺激素对收获期黄瓜秸秆干物质的影响

由图4-25可知，不同生物刺激素对收获期黄瓜秸秆干物质均有增产作用，较CK增产幅度为20.7%~32.5%。其中海藻肥处理（T4）产量最高为2 488kg/hm^2，分别比腐植酸处理（T1）、氨基酸处理（T2）、有机碳处理（T3）增加9.8%、14.4%和5.0%。

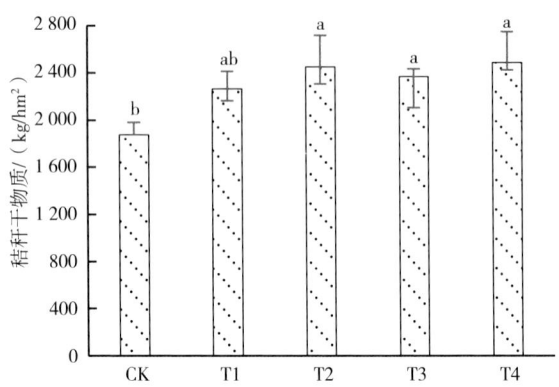

图4-25　不同施肥处理对植株干物质的影响

（四）不同生物刺激素对黄瓜品质的影响

如表4-10所示，不同生物刺激素处理与对照相比，增加了可溶性糖含量0.7%~13.9%、维生素C 1.3%~13.4%、可溶性蛋白质0.2%~1.1%和可溶性固形物0.8%~14.2%。其中T4处理可溶性糖、可溶性蛋白质及可溶性固形物含量均最高，分别高于其他各处理1.0%~13.9%、0.9%~20.4%和2.2%~14.2%。T2处理维生素C含量最高，高于其他处理9.7%~13.4%。T4处理可滴定酸含量最低，低于其他处理9.4%~31.3%。T4处理降低了可滴定酸含量，提高了可溶性糖、维生素C、可溶性蛋白质及可溶性固形物含量，有效提升了黄瓜品质。

表4-10　不同施肥处理对黄瓜品质的影响

试验处理	可滴定酸/%	可溶性糖/%	维生素C/(mg/100g)	可溶性蛋白质/(mg/g)	可溶性固形物/%
CK	0.09 ± 0.015 abc	0.022 6 ± 0.003 a	11.2 ± 0.40 b	1.801 ± 0.065 a	4.00 ± 0.163 b
T1	0.11 ± 0.005 a	0.022 7 ± 0.001 a	11.3 ± 0.69 b	1.821 ± 0.121 a	4.43 ± 0.236 a
T2	0.10 ± 0.008 ab	0.025 4 ± 0.002 a	12.7 ± 0.85 a	1.814 ± 0.056 a	4.47 ± 0.047 a
T3	0.09 ± 0.005 bc	0.023 6 ± 0.001 a	11.5 ± 0.30 b	1.815 ± 0.062 a	4.03 ± 0.047 b
T4	0.08 ± 0.010 c	0.025 7 ± 0.001 a	11.6 ± 0.27 b	1.838 ± 0.027 a	4.57 ± 0.047 a

（五）不同生物刺激素对经济效益的影响

从表4-11可以看出，生物刺激素处理通过增加产量、降低肥料投入，实现了较高的经济效益。不同生物刺激素处理与对照相比，经济效益增加了0.4万~7.7万元/hm^2，提高了0.6%~12.1%。

其中T4处理经济效益最大,达到71.4万元/hm^2,分别比T1处理、T2处理、T3处理增加了7.5%~11.4%。

表4-11 不同施肥处理对黄瓜经济效益的影响

试验处理	总收入/(万元/hm^2)	有机肥成本/(万元/hm^2)	水溶肥成本/(万元/hm^2)	生物刺激素成本/(万元/hm^2)	施肥成本/(万元/hm^2)	经济效益/(万元/hm^2)	增加效益/(万元/hm^2)	增加率/%
CK	66.7	1.8	1.2	—	3.0	63.7	—	—
T1	70.4	1.8	1.0	1.1	4.0	66.4	2.7	4.2
T2	71.2	1.8	1.0	3.2	6.0	65.2	1.5	2.4
T3	67.2	1.8	1.0	0.3	3.2	64.1	0.4	0.6
T4	75.3	1.8	1.0	1.1	3.9	71.4	7.7	12.1

注:黄瓜按照8元/kg计算,有机肥600元/t,水溶肥12元/kg,腐植酸肥5.05元/kg,氨基酸肥17.5元/kg,有机碳肥1.5元/kg,海藻肥6元/kg。

(六)不同生物刺激素对肥料偏生产力的影响

生物刺激素处理减少了肥料用量,提高了肥料偏生产力。与CK相比,氮肥、磷肥及钾肥偏生产力均提高了25.9%~41.0%(表4-12)。其中T4处理氮肥、磷肥、钾肥偏生产力值均最大,比T1处理、T2处理、T3处理增加了7.0%、5.8%和12.0%。

表4-12 不同施肥处理对肥料偏生产力的影响

试验处理	氮肥偏生产力/(mg/kg)	磷肥偏生产力/(mg/kg)	钾肥偏生产力/(mg/kg)
CK	339 ± 8.1 d	1 324 ± 31.7 d	244 ± 5.8 d
T1	447 ± 14.3 bc	1 745 ± 56.0 bc	321 ± 10.3 bc

（续表）

试验处理	氮肥偏生产力/（mg/kg）	磷肥偏生产力/（mg/kg）	钾肥偏生产力/（mg/kg）
T2	452 ± 4.8 b	1 766 ± 18.6 b	325 ± 3.4 b
T3	427 ± 4.3 c	1 667 ± 16.7 c	307 ± 3.1 c
T4	478 ± 17.8 a	1 868 ± 69.6 a	344 ± 12.8 a

结果表明，与对照相比，不同生物刺激素有效促进植株生长，对黄瓜均有明显增产提质增收效果，增产0.7%～12.8%，增加可溶性糖含量0.7%～13.9%、维生素C 1.3%～13.4%、可溶性蛋白质0.2%～1.1%和可溶性固形物0.8%～14.2%；提高经济效益0.4万～7.7万元/hm^2，提高肥料偏生产力25.9%～41.0%。不同生物刺激素间效果差异显著，其中以施用海藻肥处理效果最佳。

第五节　温室黄瓜有机物料合理使用技术

有机物料是农业生产中的物质基础，不仅来源广、数量大，且具有丰富的有机质和营养物质，养分比较全面且肥效期长。因此，有机物料还田对于维持和提高土壤肥力，促进作物生长等各方面起着重要作用。

一、有机物料对黄瓜产量的影响

有机物料对作物生长的影响较大。等碳量施用不同有机物料对黄瓜产量影响的结果表明（图4-26、图4-27），冬春茬（第一茬、第三茬）黄瓜产量高于秋冬茬（第二茬）。3茬试验黄瓜产量分别为98～106t/hm²、70～75t/hm²、78～91t/hm²。通过总结3茬黄瓜的产量可以发现，等碳量施用不同有机物料对前两茬黄瓜产量影响不显著，第三茬黄瓜泥炭、腐植酸及其配施处理产量较高，其中泥炭处理（T2）的黄瓜产量最高，显著高于泥炭+菌渣处理（T7），T2～T8各处理黄瓜产量与鸡粪处理（T1）相比没有显著性差异。

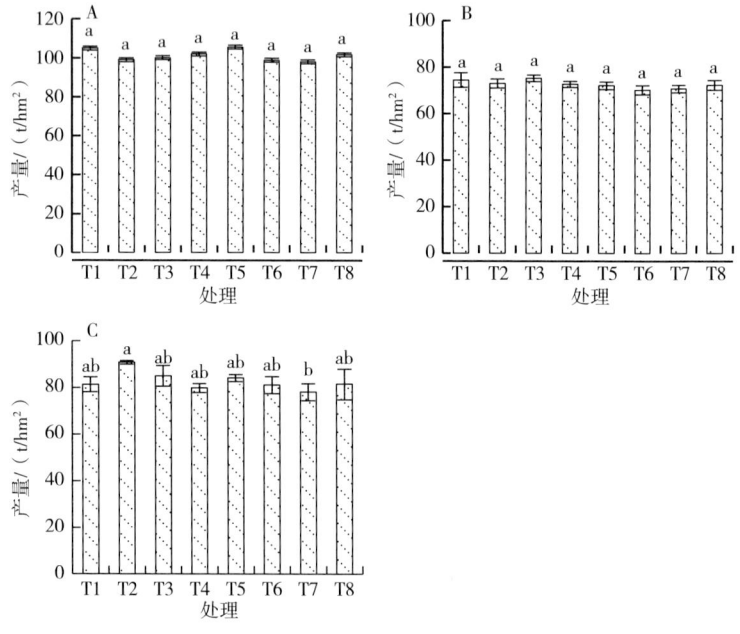

A—第一茬（冬春茬）；B—第二茬（秋冬茬）；C—第三茬（冬春茬）。
T1—鸡粪；T2—泥炭；T3—腐植酸；T4—菌渣；T5—生物炭；
T6—泥炭+腐植酸；T7—泥炭+菌渣；T8—泥炭+腐植酸+生物炭。

图4-26 不同有机物料处理对黄瓜产量的影响

注：相同小写字母表示处理间差异不显著（$P \leqslant 0.05$）。

图4-27 不同有机物料处理的黄瓜果实和根系

注：各处理名称见图4-26，下同。

二、有机物料对黄瓜干物质累积的影响

干物质累积能够作为体现土壤—作物系统生产力的一个重要指标，3茬试验黄瓜干物质累积量和收获指数如表4-13所示，3茬试验黄瓜干物质累积量分别为5 820~6 291kg/hm^2、4 959~5 451kg/hm^2、5 101~5 694kg/hm^2。第一茬（冬春茬）鸡粪（T1）处理的干物质累积量最高，显著高于腐植酸（T3）、生物炭（T5）、泥炭+腐植酸（T6）、泥炭+菌渣（T7）处理。第二茬（秋冬茬）各有机物料处理间的干物质累积量并没有显著性差异。第三茬（冬春茬）泥炭+菌渣（T7）处理的干物质累积量最低，而且除泥炭+菌渣（T7）处理外，其他有机物料处理的干物质累积量与鸡粪（T1）处理相比没有显著性差异。3茬试验黄瓜的收获指数在0.34~0.41。前两茬各有机物料处理间的收获指数差异均不显著，第三茬泥炭+腐植酸（T6）处理显著高于鸡粪（T1）处理（图4-28）。

表4-13　不同处理黄瓜干物质累积量及收获指数

处理	第一茬		第二茬		第三茬	
	干物质/(kg/hm²)	收获指数(HI)	干物质/(kg/hm²)	收获指数(HI)	干物质/(kg/hm²)	收获指数(HI)
T1	6 291 a	0.40 a	5 289 a	0.35 a	5 499 ab	0.34 b
T2	6 175 ab	0.39 a	5 313 a	0.34 a	5 694 a	0.38 ab
T3	5 876 b	0.40 a	5 451 a	0.35 a	5 689 a	0.37 ab
T4	6 033 ab	0.40 a	5 210 a	0.35 a	5 509 a	0.37 ab
T5	5 881 b	0.41 a	4 959 a	0.36 a	5 503 a	0.37 ab
T6	5 863 b	0.40 a	4 961 a	0.36 a	5 338 ab	0.39 a
T7	5 820 b	0.40 a	4 987 a	0.35 a	5 101 b	0.36 ab
T8	5 934 ab	0.41 a	4 988 a	0.35 a	5 495 a	0.35 ab

图4-28　不同有机物料处理的黄瓜植株

三、有机物料对黄瓜品质的影响

维生素C含量是黄瓜的重要品质指标，由图4-29可知，第一茬（A）有机物料等碳替代各处理（T2~T8）的维生素C含量与鸡粪处理（T1）相比提高了5.42%~23.3%。其中菌渣（T4）、生物炭（T5）、泥炭+腐植酸+生物炭处理（T8）的黄瓜果实维生素C含量显著高于鸡粪处理（T1），分别增加了22.5%、20.7%、23.4%；第二茬（B）有机物料等碳替代各处理（T2~T8）与

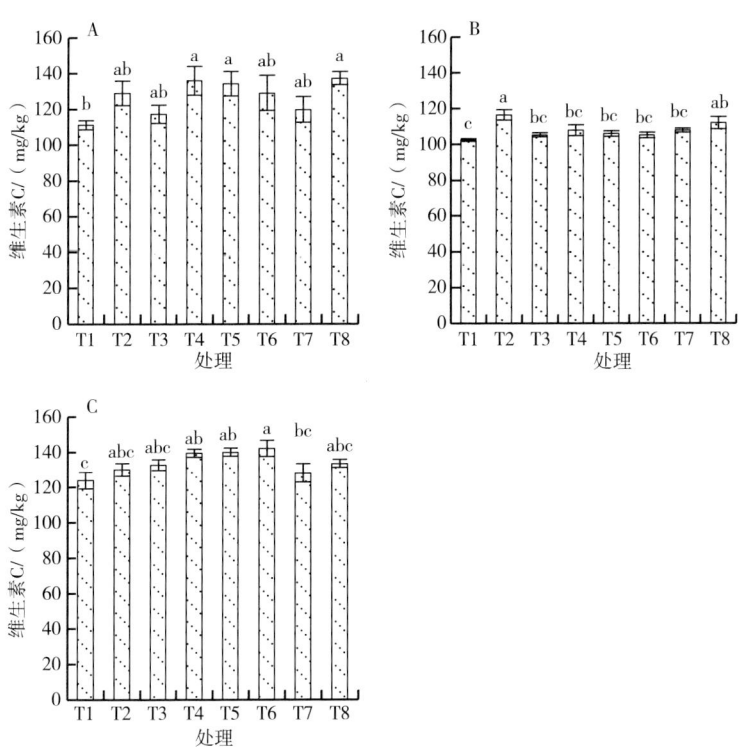

图4-29 不同处理对黄瓜果实维生素C含量的影响

鸡粪处理（T1）相比提高了2.64%~13.6%，泥炭（T2）、泥炭+腐植酸+生物炭处理（T8）与鸡粪处理（T1）相比分别显著提高了13.6%、8.7%；第三茬（C）有机物料等碳替代各处理（T2~T8）与鸡粪处理（T1）相比提高了3.35%~14.6%，菌渣（T4）、生物炭（T5）、泥炭+腐植酸（T6）处理与鸡粪处理（T1）相比分别显著提高了12.4%、12.9%、14.6%，其他处理黄瓜维生素C含量与鸡粪处理没有显著差异。因此，综合3茬试验结果，泥炭和腐植酸与生物炭配施处理更有利于黄瓜果实维生素C含量的提升，且冬春茬与秋冬茬相比，果实维生素C含量相对较高。

四、有机物料对土壤碳氮的影响

图4-30为3茬黄瓜拉秧后各处理土壤有机碳、全氮及C/N比变化情况。土壤C/N比在7.82~25.1，与鸡粪处理（T1）相比，单施和配施有机物料处理显著提高了土壤C/N比。单施生物炭处理（T5）的有机碳含量最高，与鸡粪处理（T1）相比显著提高了114%，其次为腐植酸（T3）、泥炭+腐植酸（T6）、泥炭+腐植酸+生物炭（T8）、菌渣（T4）、泥炭（T2）、泥炭+菌渣（T7）处理，与鸡粪处理相比分别显著提高了91.1%、75.8%、58.0%、48.3%、27.3%、13.6%。鸡粪处理（T1）和菌渣处理（T4）的全氮含量分别为2.00g/kg、1.97g/kg，显著高于除单独施用腐植酸（T3）外的其他处理；生物炭处理（T5）和泥炭+腐植酸+生物炭处理（T8）的全氮含量最低，均为1.37g/kg，与鸡粪处理相比显著降低31.5%。

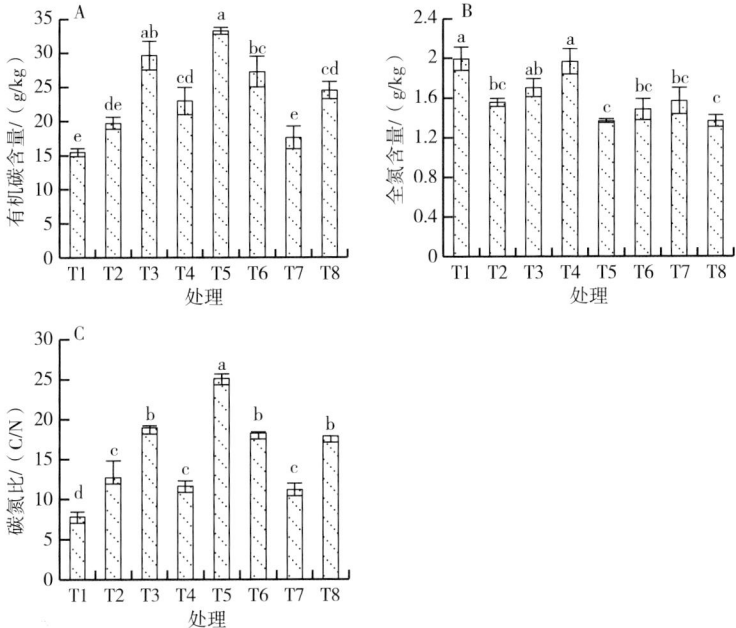

图4-30 不同处理对黄瓜有机碳含量、全氮含量和碳氮比的影响

经过3茬试验后，土壤剖面中（0~60cm）的有机碳储量如图4-31所示。每茬通过有机物料加入的碳量相等，但由于上茬累积在土壤中的碳量不相等导致3茬拉秧后不同有机物料处理间碳库差异显著。所有处理的有机碳总储量为93.9~133t/hm^2，与定植前（图中虚线所示）的85.7t/hm^{2}相比增加了9.60%~55.4%，增加幅度大小依次为生物炭（T5）>腐植酸（T3）>泥炭+腐植酸（T6）>菌渣（T4）>泥炭+腐植酸+生物炭（T8）>泥炭（T2）>鸡粪（T1）>泥炭+菌渣（T7）。其中，腐植酸、菌渣、生物炭、泥炭+腐植酸处理的有机碳储量显著高于鸡粪处理，分别显著提高了28.4%、18.8%、38.4%、19.9%。其中，单施生物炭处理的碳储量最高且固持效率达到了164.7%。土壤碳库的提高主要是增加了0~20cm土层的碳储量，所有处理0~20cm有机碳总储量为38.2~76.0t/hm²，其大小依次为生物炭>腐植酸>泥炭+腐植酸>泥炭+腐植酸+生物炭>菌渣>泥炭>泥炭+菌渣>鸡粪，除泥炭、泥炭+菌渣处理外均显著高于鸡粪处理；所有处理20~40cm的有机碳总储量为23.3~30.5t/hm²，40~60cm的有机碳总储量为25.0~30.9t/hm²，20~40cm和40~60cm两层土壤不同处理间的碳储量差异较小。

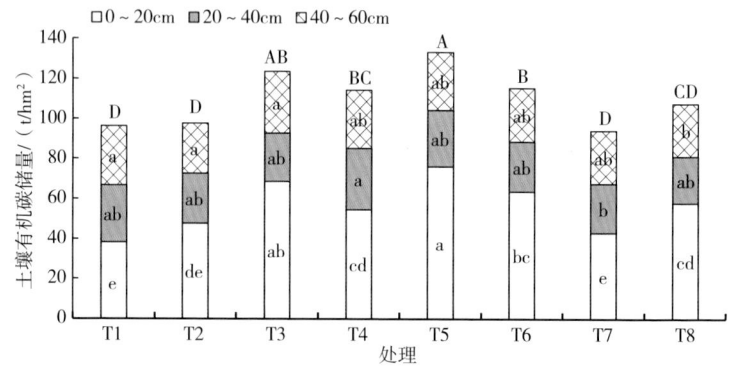

图4-31　不同处理对0~60cm土壤剖面中有机碳储量的影响

注：图中相同小写字母表示同一土壤层次不同有机物料处理间差异不显著；相同大写字母表示0~60cm土层的不同有机物料处理间差异不显著。

五、不同有机物料处理对土壤pH值、有效磷含量的影响

土壤酸碱性是土壤的重要性状之一。3茬黄瓜拉秧后，各处理土壤表层pH值范围为7.01~7.16（图4-32A），与定植前的7.74相比均有所降低。其中，鸡粪处理（T1）、菌渣处理（T4）和生物炭处理（T5）的pH值均显著低于其他处理。泥炭+腐植酸+生物炭

处理(T8)pH最高为7.16，与鸡粪处理相比显著提高2.14%。

3茬试验结束后不同有机物料处理土壤有效磷含量在38.2~182mg/kg（图4-32B）。施磷量越高，土壤有效磷在土壤中累积的就会越多。有机物料单施和配施处理与鸡粪处理相比显著降低了土壤有效磷含量，降低幅度生物炭（T5）>泥炭+腐植酸+生物炭（T8）>泥炭+腐植酸（T6）>腐植酸（T3）>泥炭（T2）>泥炭+菌渣（T7）>菌渣（T4），分别降低了79.0%、77.7%、77.4%、76.4%、75.7%、67.0%、62.9%。

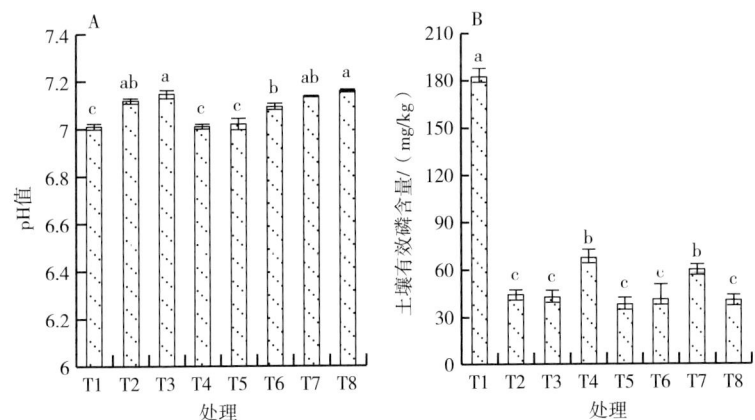

图4-32 不同处理对土壤pH值和有效磷含量的影响

六、小结

有机物料等碳量替代鸡粪后，能在保证黄瓜稳产的情况下提升果实品质。前两茬不同有机物料处理间黄瓜产量、收获指数差异均不显著，第三茬有机物料各处理与鸡粪处理相比产量并没有显著性差异。与鸡粪处理相比，单施菌渣、泥炭、生物炭以及泥炭与腐植酸、生物炭配施可显著提高黄瓜果实中维生素C的含量。由于季节性差异，冬春茬黄瓜产量和果实维生素C含量相对高于秋冬茬。

生物炭和腐植酸分别对提升土壤碳库、削减氮盈余和削减磷盈余效果显著。不同有机物料等碳替代鸡粪后，泥炭与腐植酸有利于缓解土壤酸化；泥炭、腐植酸、菌渣、生物炭单施及配施处理较鸡粪处理显著降低了表层土壤有效磷含量62.9%~79.0%，显著提高了土壤表层的C/N比。单独施用生物炭处理的有机碳含量最高，与鸡粪相比显著提高了114%，生物炭处理土壤（0~60cm）的碳储量也最大。

第五章

温室黄瓜主要病虫害防治技术

第一节 温室黄瓜主要病虫害绿色防控技术

一、无病虫育苗技术

一是种子播种前可用50~55℃温水浸种20~30min。二是旧苗棚在育苗前用药剂进行苗棚表面和基质消毒。表面消毒可用20%辣根素水乳剂1L熏蒸；育苗基质和土壤消毒可用辣根素熏蒸处理，20%辣根素水乳剂4~6L/亩随水滴灌，或在整畦施肥浇水后用30%噁霉灵可湿性粉剂600倍液或50%多菌灵可湿性粉剂800倍液等药剂均匀喷洒苗床。

二、定植前棚室表面消毒和土壤/基质消毒技术

棚室表面消毒采用10%苯醚甲环唑水分散粒剂1 000倍液和5%阿维菌素水乳剂3 000倍液均匀喷洒棚室土壤、墙壁、棚膜、缓冲间（耳房）等，也可采用20%辣根素水乳剂1L/亩常温烟雾施药熏蒸。土壤消毒在定植前2周，在整好的土壤表面铺滴灌管，密闭覆

盖地膜，先用水充分湿润土壤，然后用20%辣根素水乳剂4～6L/亩，通过滴灌系统随水滴灌，密闭熏蒸3～5d，揭膜后敞气5d以上。基质消毒在定植前2～3d通过滴灌系统随水滴灌20%辣根素水乳剂5～6L/亩，密闭熏蒸处理基质，杀灭基质中传带的病菌和小型害虫。也可用百菌清、腐霉利等烟剂熏棚，可有效减少病虫害，从源头上控制病虫害发生。

三、生长期综合防控技术

一是在棚室通风口、门口设置40～60目防虫网。二是在棚室出入口放置不小于40cm×30cm×1cm的消毒垫；消毒剂可选用甲基乙内酰脲类化合物、双链季铵盐或含氯消毒剂。三是在作物顶端25cm处挂置色板，初期3～5块用于监测，当虫量较多时每亩设置25～30块。四是在蚜虫发生初期，在田间释放异色瓢虫，每棚每次释放100张卵卡。

四、产后植株残体处理技术

黄瓜拉秧后，将黄瓜秧集中到棚室外选择平整向阳的地方用废旧棚膜覆盖，四周用土压实，进行高温堆沤杀灭残存病虫。也可进行辣根素堆沤，将蔬菜残体集中堆放，先将20%辣根素水乳剂按照50mL/m³的用药量均匀撒施于蔬菜残体上，后覆盖完整无破损的塑料膜，四周用土压实；或先将完整无破损的塑料膜覆盖于蔬菜残体上，后用注射器按照50mL/m³的用药量注射20%辣根素水乳剂于塑料膜内。处理后密闭熏蒸72h，可有效杀灭蔬菜残体表面传带的病菌和小型害虫。

第二节　温室黄瓜主要病虫害科学用药技术

一、主要病害

1. 立枯病（图5-1）

生物预防：推荐使用100万孢子/g寡雄腐霉菌2 000～3 000倍液喷淋。

化学预防：推荐使用70%甲基硫菌灵可湿性粉剂500～600倍或3%甲霜·噁霉灵水剂500～600倍液叶面喷施。

图5-1　黄瓜立枯病

2. 猝倒病（图5-2）

生物预防：推荐使用100万孢子/g寡雄腐霉菌2 000～3 000倍喷淋或722g/L霜霉威盐酸盐水剂苗床浇灌。

化学预防：推荐使用70%甲基硫菌灵可湿性粉剂500～600倍或3%甲霜·噁霉灵水剂500～600倍叶面喷施。

图5-2　黄瓜猝倒病

3. 灰霉病（图5-3）

发病初期用50%农利灵可湿性粉剂1 000倍液，或65%甲霉灵可湿性粉剂500倍液，或40%施加乐悬浮剂800～1 000倍液，或45%特克多悬浮剂800倍液喷雾，重点喷洒花和幼瓜。保护地可用6.5%甲霉灵粉尘剂，或5%灭霉灵粉尘剂，或5%利得粉尘剂15kg/hm^{2}喷粉，或用20%特克多烟雾剂4.5～7.5kg/hm^{2}熏烟防治效果更理想。

图5-3　黄瓜灰霉病

4. 霜霉病（图5-4）

发病初期选用69%安克·锰锌可湿性粉剂1 200倍液，或72%克露可湿性粉剂800倍液，或72%普力克水剂800倍液，或72%霜脲·锰锌可湿性粉剂800倍液，或50%溶菌灵可湿性粉剂800倍液喷雾防治，或50%烯酰吗啉可湿性粉剂35～40g/亩喷雾，或30%百菌清烟剂167～267g/亩点燃放烟或1%蛇床子素水乳剂50～60g/亩喷雾。保护地可选用5%百菌清粉尘剂，或5%霜脲·锰锌粉尘剂防治，7～10d防治1次。有条件的最好采用常温烟雾施药防治。

图5-4　黄瓜霜霉病

5. 枯萎病（图5-5）

及时拔除病株，病穴及邻近植株用88%枯必治可湿性粉剂1 500倍液，或50%多菌灵可湿性粉剂500倍液，或98%噁霉灵可溶剂2 500倍液，或70%土菌消可湿性粉剂1 500倍液，或65%多果定可湿性粉剂1 000倍液，或25%敌力脱乳油1 500倍液，或45%特克多悬浮剂1 000倍液，或20%萎锈灵乳油2 500倍液淋浇，每株用药液200~250mL。

图5-5　黄瓜枯萎病

6. 白粉病（图5-6）

发病初期可用1%多抗霉素水剂，或75%百菌清可湿性粉剂，或70%甲基硫菌灵可湿性粉剂，或250g/L嘧菌酯悬浮剂喷施。1 000亿孢子/g枯草芽孢杆菌可湿性粉剂56~84g/亩喷雾，或8%氟硅唑微乳剂50~60g/亩喷雾，或50%醚菌酯水分散粒剂13~20g/亩喷雾。

图5-6　黄瓜白粉病

7. 细菌性角斑病（图5-7）

做好种子处理。发生角斑病可选用47%加瑞农可湿性粉剂

600～800倍液，或10%龙克菌可湿性粉剂1 000～1 200倍液，或0.5%小檗碱水剂400～500倍液，或新植霉素、农用链霉素4 000～5 000倍液喷雾防治，或46%氢氧化铜水分散粒剂40～60g/亩喷雾，或20%噻嗪酮悬浮剂83.3～166.6g/亩喷雾，或3%中生菌素可湿性粉剂80～110g/亩喷雾。

图5-7　黄瓜细菌性角斑病

8.根结线虫病（图5-8）

选用15%阿维·吡虫啉微囊悬浮剂沟施，或使用10%噻唑膦颗粒剂土壤表面撒施，或3%阿维菌素微囊悬浮剂400～500g/亩灌根，或1%阿维菌素颗粒剂1 625～1 750g/亩穴施或沟施，或35%威百亩水剂4 000～6 000g/亩沟施，可达控制效果。

图5-8　黄瓜根结线虫病

9.靶斑病（图5-9）

可选用50%敌菌灵可湿性粉剂500倍液，或50%农利灵可湿性粉剂1 000倍液，或40%福星乳油8 000倍液，或6%乐必耕可湿性粉剂1 500倍液，或70%甲基硫菌灵可湿性粉剂600

图5-9　黄瓜靶斑病

倍液,或80%大生可湿性粉剂600倍液喷雾。保护地选用6.5%甲霉灵粉尘剂15kg/hm²喷粉防治。

二、主要虫害

1. 蚜虫（图5-10）

生物防治：释放异色瓢虫或使用0.3%印楝素乳油600~800倍液,或0.6%苦参碱水剂300~500倍液,叶面喷雾。

化学防治：15%敌敌畏烟剂500~600g/亩点燃,或20%啶虫脒可溶性粉剂6~10g/亩喷雾,或10%异丙威烟剂350~450g/亩点燃,或10%氟啶虫酰胺水分散粒剂30~50g/亩喷雾。

推荐使用22.4%悬浮剂螺虫乙酯1 500倍液或22%氟啶虫胺腈2 000~3 000倍液叶面喷施。

图5-10 黄瓜蚜虫

2. 蓟马（图5-11）

生物防治：释放东亚小花蝽或使用0.3%印楝素乳油600~800倍液,或0.6%苦参碱水剂300~500倍液叶面喷雾。

化学防治：推荐使用5%甲氨基阿维菌素苯甲酸盐水分散粒剂1 500~2 000倍液,或240g/L乙基

图5-11 黄瓜蓟马

多杀菌素悬浮剂1 500倍液叶面喷施。也可用20%呋虫胺可溶粒剂20~40g/亩喷雾。

3. 斑潜蝇（图5-12）

生物防治：推荐使用0.3%印楝素乳油600~800倍液，或0.6%苦参碱水剂300~500倍液叶面喷雾。或1.8%阿维菌素乳油40~80g/亩。

图5-12　黄瓜斑潜蝇

化学防治：75%灭蝇胺可湿性粉剂15~20g/亩喷雾或1.8%阿维·高氯乳油40~60mL/亩喷雾。

推荐使用20%阿维杀虫单微乳剂2 000倍液叶面喷施。

4. 烟粉虱（图5-13）

可选用240g/L螺虫乙酯悬浮剂、10%氯噻啉可湿性粉剂、20%呋虫胺可溶粒剂、10%吡虫啉可湿性粉剂、25%扑虱灵可湿性粉剂，施药时间宜在清晨或傍晚成虫活动力不强时喷药，应注意选用不同有效成分药剂轮换用药，可提高杀虫效果。另外可采用10%异丙威等烟剂进行熏棚处理，效果较好。施药后应注意安全间隔期，不能提前采收。

图5-13　黄瓜烟粉虱

第六章

黄瓜优质栽培设施调控技术

第一节 温室黄瓜补光技术

黄瓜属喜光耐阴性作物,虽然对弱光也有一定的适应性,但长时间处于弱光环境中不利于黄瓜的生长发育。有些日光温室黄瓜单产不高,除在施肥和温湿度控制等方面的管理不到位外,还缺乏严格的光照控制和必要的补光措施。在弱光寡照情况下,瓜果类蔬菜经常出现幼苗徒长、果实发育缓慢和着色不均匀、病虫害多发、品质和产量下降等问题,降低了种植者的经济效益。黄瓜从秧苗到整个生长期和果实成熟期都需要大量的光照,其光合作用的强弱直接决定了果实中干物质的含量和有机营养物质的积累。尤其是在中国北方冬春季节设施栽培的情况下,由于阴霾天较多,经常出现光照严重不足且光质较差的情况,导致秧苗徒长、叶片变黄、干物质减少、发育不良、产量降低等问题。因此,设施黄瓜的补光就成为其整个生长期的主要问题(图6-1)。

图6-1 补光灯

一、补光时期

不同生育阶段对光照要求不同,在不同时期补光对黄瓜产生不同的作用。在黄瓜现花蕾期间段进行不同光质照射处理,可缩短生长周期,提前上市,提高瓜的利用率。在黄瓜结瓜期每天对瓜房进行8h弱光照处理,可使黄瓜产量增加20%~50%,其增产原因是利于花芽向雌性花方向转化。结果期必须及时供应充足的水分和养分及光照,以提高黄瓜产量和质量。

二、补光时间

外源补光延长了处理植株的光合作用时间。在补光时黄瓜叶片的净光合速率随光照强度的增大而增大。早上补光时叶片的净光合速率高于晚上相对时间的净光合速率值,其光合启动时间也大于晚上。补光时间一般有两种,一种是白天补光,另一种是夜间补光。

对于白天补光而言,一般情况下当光照强度低于1.5倍的光补偿点时,对黄瓜而言约为75μmol/(m²·s),就要考虑开启补光灯，否则可能导致严重的秧苗徒长或瓜果生长异常。在阴霾程度不很严重的天气情况下，通常在7：30—10：30，14：30—17：30，每天补光6h就足够了。但在严重的阴霾天气，则需要全天补光，即从7：30—17：30，每天补光10h。补光后的黄瓜无论是秧苗的壮苗指数、生长速度，还是瓜果的产量和质量都能够得到很大程度的提高。

夜间补光对黄瓜植株的生长发育、果实产量和品质等都具有积极的影响，夜间补光必须注意两个问题，一是补光强度要低，一般不能高于光补偿点的1/10~1/5；二是补光时间要短，一般不超过2h，甚至可用多次短时间（5~10min）中断暗期的方式来抑制秧苗的徒长并提高其壮苗指数。由于夜间补光所需的能耗低、费用少，可以跟白天补光同时使用，以提高补光的效果。

三、光源

高压钠灯因具有制造成本低、电光转换效率高、光谱成分集中在黄橙光波段等优点，而在农业设施补光中广泛应用。但由于其光谱成分缺少植物生长必需的红蓝光波段，以及在使用过程中会产生很多热量，造成能效较低、温室冷却成本增加等短板。作为温室补光中最理想的光源，具有冷光源特性的LED补光灯，不仅具有节能、环保、寿命长、较高的电光转换效率等诸多特点，还能实现光谱可调，可以根据植物生长发育的需求精准地调制光质、光强和光周期等，应用场景广泛，并已成为设施农业补光的主流光源。但LED灯价格较高，因此，在一些设施中，也存在将高压钠灯顶部补光和LED灯植株间照明相结合进行混合补光的系统。此外，在一般照明用的宽光谱LED光源基础上，适当地增加紫外光、红光或远红光成分，也可以起到促进植物体内有效物质积累的功效。

四、补光位置

补光位置差异对黄瓜的生长发育有一定的影响。人工光源的安装位置一般有两种,其中顶部补光简单而实用,只要将所需的LED灯均匀地安装在植物的叶冠之上即可;而株间补光则是基于株间的需光条件差异而建立的立体补光环境。黄瓜属于大型冠层作物,其产量与总光照截获量密切相关,特别是在作物进入成株之后,会因叶片遮挡严重而出现光合效率显著降低的现象。如果在顶部补光的基础上,再增配株间立体补光系统,那么中下部具有活力的叶片也能更好地进行光合作用,促进有机物质的积累。以设施黄瓜为材料,进行无补光对照、株间立体补光及冠层补光试验处理,结果表明,相比无补光对照,立体补光后的黄瓜产量、可溶性固形物含量、可溶性糖含量及维生素C含量都有所提高。立体补光可以提高光能利用率,增强黄瓜植株的光合作用能力,从而促进了黄瓜产量和品质的提高。

五、补光强度

黄瓜的光补偿点约为$50\mu mol/(m^2 \cdot s)$,而光饱和点则在$1\,200\mu mol/(m^2 \cdot s)$以上。因此,若用全人工光栽培,为使黄瓜能够正常生长发育,所需的光合光量子通量密度(PPFD)一般要达到$400\mu mol/(m^2 \cdot s)$左右。但作为以自然光为主的设施黄瓜而言,在极端情况下的补光强度至少要达到$40\mu mol/(m^2 \cdot s)$以上,再加上阴霾天时所具有的少量自然光就能确保黄瓜正常生长发育,避免徒长。对于一般照明用的宽光谱LED光源,其光效一般能够达到2μmol/(s·W)，因此，所需的LED功率至少要达到20W/m²左右，这相当于13kW/亩。如果用气体放电灯（包括高压钠灯）或窄光谱多芯片组合的可调光谱LED灯，则至少要增加50%的功率。

与传统栽培模式相比，设施温室内采用人工光照明进行补光，运行过程中需要消耗较高的补光能源。因此，随着补光强度的增加，虽然瓜果类蔬菜在设施温室的光合作用速率、生长速率、产量和品质都有所提高了，但生产成本也相应增加了。在实际生产中建议种植者根据设施类别、作物种类、生长阶段、当地光照条件和投入产出比等因素进行综合考虑，选择适合的补光方案和补光系统。在实际生产中，建议种植者综合调控设施温室中的其他各项环境因素，完善种植者本身具备的栽培技术，使得将光能转化为产量和品质的能力达到最佳，获得更高的产出效益。

第二节 温室黄瓜转光膜提质增效技术

黄瓜光合作用对光与温度较为敏感，其中光环境对黄瓜光合作用的影响比温度更大。光环境主要通过光照强度、光周期和光质3个方面来调控植物生长。其中，光质能够调控植株长势、生理代谢和果实品质等。利用转光膜进行光质调控越来越多被应用于农业科技的持续发展中，转光膜成本较低，而且使用方便。转光膜作为一种新型的农业技术产品，正逐渐成为现代农业发展的重要支撑。转光膜是一种高科技农业材料，其核心原理是通过改变光线的传播方向和强度，提高植物的光合作用效率。这种转光膜具有高透光性、高保温性以及良好的抗老化性能，能够有效地调节大棚内的光照条件,为植物生长提供最佳的光照环境。

转光膜可提高入射光中红蓝光的投射比例,促进植株的生长。转光膜对温室黄瓜植株生长有促进作用(图6-2)。转光膜可促进植物叶片叶绿素含量的积累,提高植物叶片光合能力。通过试验,在阴雨天条件下转光膜处理黄瓜叶片光合速率、气孔导度、水分利用效率均显著高于PO膜,转光膜处理黄瓜叶片胞间CO_2浓度显著低于PO膜处理。转光膜能够在阴雨天条件下,将紫外线转化为作物生长所需的红蓝光,进而促进黄瓜气孔开放,提高了叶肉细胞对CO_2的利用效率,从而提高了叶片阴天的光合速率。转光膜处理的叶片蒸腾速率降低在一定程度上减少了植株对养分的消耗,促进叶片干物质的积累,对黄瓜产量的形成和品质的改善有积极作用。在生产中建议种植者选择转光膜提升黄瓜的光合效率,提高产量。

图6-2 黄瓜转光膜

第三节 灾害性天气防范技术

一、防降雪

(一)设施检修与加固

加强设施结构稳固性巡检,检查温室墙体是否有开裂或倾斜情况、温室后坡是否有下沉及板材断裂迹象、设施钢骨架是否有严重锈蚀或变形情况,对于存在安全隐患的设施,要采取立柱支撑、局部加固或更换等必要方式予以加固(图6-3)。

图6-3 设施检修与加固

(二)加强外保温覆盖物管理

降雪时,为改善棚室内光照条件,并防雪水浸湿外保温覆盖物(草苫或保温被),外保温覆盖物在白天要卷起,并用农膜苫盖,夜间可放下,但要在覆盖物外面加盖一层棚膜防雪,同时做好除雪工作(图6-4)。

图6-4 加强外保温覆盖物

（三）及时除雪

为防止积雪造成设施结构损坏，可采用长把刮板、大功率吹风机或人工扫雪等方式，及时做好棚体积雪清除，并保证积雪不要堆积在温室前地脚外侧。

二、防低温

（一）加强墙体保温

对于后墙有通风窗的温室，要做好通风口填充和密封处理；对于墙体厚度60cm以下的温室，要采用适当方式进行墙体加厚。一是应急性增厚，可以采用墙体外侧码放玉米秸（注意防火）、培土等方式加厚温室墙体，同时在温室外侧由后坡至整个墙体苫盖固定一层棚膜提高温室保温效果；二是永久性增厚保温，采用适当工艺在墙体外侧贴覆挤塑保温板或浇筑轻体闭孔发泡水泥墙体，增加墙体厚度，提高保温效果。

（二）加厚外覆盖

一是要确保外保温覆盖物连接紧密无裂缝（白天覆盖后由棚内向外看不透光）；二是可采用双层覆盖方式提高外保温覆盖物厚度以减少夜间前屋面散热，同时要在外保温覆盖物外侧增设一层农膜，既提高了覆盖物致密性，又可防止降雪浸湿外覆盖物。

（三）增设围挡

温室内侧前地脚处可以加设一道1~1.5m高裙膜，温室入口处用棚膜加设一道围挡以防人员进出时门口作物遭受冷空气影响，温室顶风口下方加设一道农膜以防放风时冷空气直接影响作物生长点。傍晚外保温覆盖物苫盖后，可于前地脚外侧再覆盖一层草苫或废旧保温被保温。对于高度较高的温室，为了提高保温效果，可用无纺布或无滴膜增设一层二道膜（夜间覆盖，白天收起）（图6-5）。

图6-5 黄瓜防低温

（四）应急增温加温

为了应对极端低温，保证棚室内最低温度不低于8℃，要提前准备好相应应急增温产品或设备，如暖风机、热风机、浴霸、大功率白炽灯、电暖气、增温块等，生产者要根据温室条件，在安全的前提下合理使用。应用电加热增温方式的，要请专业人员安装并指导使用，配以防漏电和防过热等装置；对于采用增温块等明火加温的，要切记用火安全（图6-6）。

图6-6 黄瓜应急增温加温

三、防大风

(一)棚膜修补与紧固

对于棚膜漏洞要采用热补或胶补等方法及时修补,同时紧固棚膜压膜线和压膜线地锚,以免大风造成棚膜撕裂(图6-7)。

图6-7 黄瓜防大风

(二)加强风口管理

大风时要关闭棚膜通风口、关闭好设施出入口,以防出现"放风筝"情况;对于空气相对湿度过大的棚室,在人工看护的前提下,可于上午或中午时段短暂通风降湿,切记只能于顶风口处开小缝降湿。

(三)外保温覆盖物的管理

为避免大风影响外保温覆盖物覆盖效果,傍晚外保温覆盖物苫盖后,东西两侧要拴绳固定在山墙上,并在前地脚处用重物压实。

(四)做好消防和人身安全

大风前要切断电源,以免电线刮断造成人身伤害、电线短路引起火灾等事件，切勿在可燃物附近和设施周边吸烟，确保生产安全。

四、防降雨

（一）做好安全防范、避免人身和财产损失

一是对老旧温室、塑料大棚等生产设施及可能存在风险的设施及时进行加固维修，个别保温被未拆卸的棚室，要上卷到位并固定好，用农膜苫盖防雨，同时紧固棚膜压膜线以防大风撕裂棚膜；二是关闭或拆除危险区域的电力设施，防止出现漏电着火和人员伤亡事故；三是对于已达上市标准的蔬菜要做到应收尽收，避免造成损失。

（二）做好防涝排水准备

一是疏通、修缮、构筑设施棚室周边排水沟渠，保障园区内部、外部及生产单元周边排水良好，露地蔬菜生产地块要做到"三沟（厢沟、腰沟、围沟）"齐全、排水畅通；二是设施棚室要防止雨水倒灌，在生产设施的入口或四周修筑高台，或摆放防洪沙袋防止外部雨水倒灌，在大风、暴雨来临前及时关闭风口；三是做好排水准备，准备好水泵等排水设备以供淹水地块排水之用。

（三）加强水淹后管理

一是及时排涝，对于淹水地块，要及时排涝，做到雨住田干、田内无明水；二是注意遮阳，对于有条件的地块，尤其是设施生产棚室，雨后天晴一定要注重遮阳；三是做好田间管理，疏除老叶、病叶及无效侧枝和畸形果，产品能采尽采，减轻植株负

担，及时进行浅中耕，增加土壤通透性，恢复根系活力，避免沤根；四是采用喷施叶面肥的方式进行营养补充，以促进植株快速复壮，同时要及时喷施广谱性杀菌剂进行病害防控，淹水地块可同时采用灌根或随水滴灌方式用药，防止土传病害发生。

第七章

温室黄瓜高效优质生产技术规程

第一节　春茬黄瓜高效优质生产技术规程

一、栽培季节

日光温室春茬黄瓜生产一般于1月中旬至3月上旬在日光温室中播种育苗，3月上旬至4月中旬定植于塑料大棚，4月下旬至5月中下旬开始供应市场，6月底至7月初拉秧。塑料大棚生产一般于1月中旬至3月上旬在日光温室中播种育苗，3月上旬至4月中旬定植于塑料大棚，4月下旬至5月中下旬开始供应市场，6月底至7月初拉秧。

二、品种选择

春季栽培应用早熟抗病、雌花节率高、节成性好、商品性优良的品种，如中农126、津园98、寒秀36等品种；砧木选择应用京欣砧5号、北农亮砧、八幡寒太郎等褐籽南瓜或白籽南瓜。

三、嫁接育苗

应用顶芽斜插法、贴接法或靠接法进行嫁接育苗，注意根据嫁接方法的不同调整接穗与砧木的播种时间。

四、适龄壮苗

生理苗龄3~4片真叶，苗高15cm以内，子叶完整肥厚、叶片平展深绿，砧穗愈合完好，砧木下胚轴茎粗0.5cm以上，无病虫害。

五、适期定植

日光温室早春茬定植适期为2月中旬，单层塑料大棚早春茬定植适期为3月下旬（北部山区为4月中下旬），采用多重覆盖技术可提前15~20d。温室内最低气温在8℃，10cm地温稳定在12℃以上时，选择晴天上午定植。

六、多重覆盖

采取"地膜+小拱棚+二道幕+棚膜+棚周围挡"的多重覆盖方式，可以将塑料大棚安全定植期提前15~20d。提前20d扣膜封棚、提前10d整地作畦、提前7d造墒提温、提前2d多重覆盖、定植后夜间多重覆盖并围挡草帘。

七、高畦栽培

采用高畦栽培，畦高30cm，上台面宽30cm（单行定植两侧吊蔓）至60cm（双行定植），下台面宽60cm（单行定植两侧吊蔓）至80cm（双行定植），沟宽80cm。

八、合理密植

保持亩密度不低于3 000株，单行种植株距15cm、双行种植株距27cm。

九、地膜覆盖

选用黑色或银灰色地膜，日光温室早春茬生产延迟到根瓜坐住后覆盖，塑料大棚早春茬生产宜定植前至少2d完成覆盖。

十、移位落蔓

进入抽蔓期及时吊蔓，保持小行距40cm，植株生长点超过吊绳拉丝10cm左右时择下午采用移位落蔓方法及时落蔓，同时疏除基部老叶、病叶、侧枝和畸形果，生长点以下保留叶片15片。

十一、水肥一体化

应用比例施肥泵注肥、膜下滴灌的水肥一体化技术，给肥系统为1个比例施肥泵配备2个溶肥桶，溶肥桶分别存放高氮高钾（22-6-24）水溶肥和高钾（20-5-30）水溶肥，5kg肥料加水135~140L，吸肥比例为1.5%。根瓜坐住后于晴天上午每天灌溉追肥1次（两者轮换进行），每次时长10~20min，日灌溉量0.5（采收前期）~1.5m^3/亩（采收盛期）。

十二、病虫害综合防控

避免棚室空气相对湿度过高，风口门口加设50目以上防虫网，田间规范悬挂黄、蓝粘虫板，释放丽蚜小蜂、东亚小花蝽、天敌瓢虫等，加强小型设施害虫的防控，优选用生物源、矿物源等低毒药剂进行病虫害防控，并严格控制农药使用安全间隔期。

十三、适时采收

瓜条达上市标准后，择上午早间及时采收，整修分级上市，注意严格落实"农药安全间隔期"制度。

十四、采收管理

重点是协调好秧果关系，适度控秧促瓜，保证结瓜高峰持续较长的时间。此期温、光、肥、水管理和病虫害控制状况对产量形成至关重要。

（一）温度管理

适时通风调节温度，先开顶风，后开侧风，随着外界气温的升高逐步加大风口。一般保持上午28～32℃，下午20～25℃，夜间不低于15℃。

（二）二氧化碳施肥

利用化学反应法进行二氧化碳施肥，可提高产量20%～30%。每亩每日用3.6kg碳酸氢铵与2.3kg浓硫酸（比重1.83～1.84，先将浓硫酸倒入3倍水中稀释备用），进行化学反应生成二氧化碳，温室内均匀设点10～15个，晴天上午闭棚4h以上，二氧化碳浓度可达800～1 000mg/m^3。应连续使用30～35d。

（三）摘心打杈

温室前排植株15片叶左右时摘心，其他植株长到22～25片叶时摘心，以促进回头瓜、杈子瓜的生长。常规品种一般不打杈，一代杂种应及时打掉8节以下的侧蔓，以利于主蔓结瓜，8节以上的侧蔓留一个瓜，瓜上留1~2片叶摘心。

（四）去老叶

黄瓜以15~40d叶龄的叶片光合作用最强，50d以上的叶片已老化，既消耗养分又影响通风透光。要及时打掉黄叶老叶，有利于控制病虫害的发生。

第二节　秋黄瓜高效优质生产技术规程

一、栽培季节

日光温室秋茬黄瓜一般于8月中旬至9月上中旬定植，日历苗龄25d左右，元旦前后至春节前后拉秧。

二、品种选择

秋黄瓜苗期炎热多雨，生长后期低温、弱光，宜选用耐热、抗寒、长势强、适应性好的抗病品种，如密刺系列、津杂2号、津研4号、津杂1号、津研7号等。

三、嫁接育苗

应用顶芽斜插法、贴接法或靠接法进行嫁接育苗，注意根据嫁接方法的不同调整接穗与砧木的播种。

四、适龄壮苗

生理苗龄3~4片真叶，苗高15cm以内，子叶完整肥厚、叶片平展深绿，砧穗愈合完好，砧木下胚轴茎粗0.5cm以上，无病虫害。

五、多重覆盖

采取"地膜+小拱棚+二道幕+棚膜+棚周围挡"的多重覆盖方式，可以将塑料大棚安全定植期提前15~20d。提前20d扣膜封棚、提前10d整地作畦、提前7d造墒提温、提前2d多重覆盖、定植后夜间多重覆盖并围挡草帘。

六、高畦栽培

采用高畦栽培，畦高30cm，上台面宽30cm（单行定植两侧吊蔓）至60cm（双行定植），下台面宽60cm（单行定植两侧吊蔓）至80cm（双行定植），沟宽80cm。

七、合理密植

保持亩密度不低于3 000株，单行种植株距15cm、双行种植株距27cm。

八、地膜覆盖

选用黑色或银灰色地膜，日光温室秋茬生产延迟到根瓜坐住后覆盖、塑料大棚早春茬生产宜定植前至少2d完成覆盖。

九、温湿度管理

结瓜前,棚室温度白天保持在25～28℃,夜间保持在13～17℃;9月中下旬至10月中下旬进入结瓜盛期,此时外界温度逐渐降低,白天控制在25～29℃,夜间控制在13～17℃。当外界温度低于13℃时,要关闭通风口。为降低湿度,减轻霜霉病等病害,夜间温度在15℃以上时可留通风口通小风。10月中下旬后,外界温度急剧下降,应做好防霜防冻保温工作。白天温度保持在26～30℃,夜间温度保持在12℃以上。11月,应采取措施保持棚内温度,减少放风量,若室内夜间温度降低到10℃左右时,棚膜上夜间开始要加盖草苫进行保温;结瓜后期至拉秧期,逐渐减少通风时间,仅在中午温度较高时进行短期通风散湿,减少病虫害发生。

十、移位落蔓

进入抽蔓期及时吊蔓,保持小行距40cm,植株生长点超过吊绳拉丝10cm左右时择下午采用移位落蔓方法及时落蔓,同时疏除基部老叶、病叶、侧枝和畸形果,生长点以下保留叶片15片。

十一、水肥一体化

应用比例施肥泵注肥、膜下滴灌的水肥一体化技术,给肥系统为1个比例施肥泵配备2个溶肥桶,溶肥桶分别存放高氮高钾(22-6-24)水溶肥和高钾(20-5-30)水溶肥,5kg肥料加水135～140L,吸肥比例为1.5%。根瓜坐住后于晴天上午每天灌溉追肥1次(两者轮换进行),每次时长10～20min,日灌溉量0.5m³/亩(采收前期)～1.5m³/亩(采收盛期)。

十二、病虫害综合防控

避免棚室空气相对湿度过高，风口门口加设50目以上防虫网，田间规范悬挂黄、蓝诱虫板，释放丽蚜小蜂、东亚小花蝽、天敌瓢虫等，加强小型设施害虫的防控。秋茬病害主要有病毒病、霜霉病、白粉病等；虫害主要有叶螨、蚜虫等，优选用生物源、矿物源等低毒药剂进行病虫害防控，并严格控制农药使用安全间隔期。

十三、适时采收

10月下旬收根瓜，11月进入采收盛期，可重摘保持植株不至早衰，12月轻摘，尽量使瓜后延，提高经济效益，实现高产值，注意严格落实"农药安全间隔期"制度。

第三节　冬春茬黄瓜高效优质生产技术规程

一、栽培季节

冬春茬是一年一茬生产模式，有的地区叫越冬茬生产，即8月末至10月初播种育苗，10月上旬至11月中旬定植，11月下旬至翌年1月上旬开始供应市场，6月下旬至7月上旬拉秧。

二、品种选择

日光温室冬季栽培的典型环境特点是低温、弱光、高湿。因此，冬春茬宜选择耐低温弱光、抗病及丰产性强的黄瓜品种，如中农26、津优35、京研108等。

三、嫁接育苗

根据市场需求及砧木特点，选择适宜的砧木和嫁接方法进行嫁接育苗，如北农亮砧、京欣砧5号、八幡寒太郎、黑籽南瓜等，其中前三者兼具脱除果霜能力，而后者耐低温能力突出。

四、适龄壮苗

生理苗龄3~4片真叶，苗高15cm以内，子叶完整肥厚、叶片平展深绿，砧穗愈合完好，砧木下胚轴茎粗0.5cm以上，无病虫害。

五、棚室消毒

棚室消毒采用10%苯醚甲环唑水分散粒剂1 000倍液和5%阿维菌素水乳剂3 000倍液均匀喷洒棚室土壤、墙壁、棚膜、缓冲间（耳房）等，也可采用20%辣根素水乳剂1L/亩常温烟雾施药熏蒸。

六、土壤消毒

土壤消毒在定植前2周，在整好的土壤表面铺滴灌管，密闭覆盖地膜，先用水充分湿润土壤，然后用20%辣根素水乳剂4~6L/亩，通过滴灌系统随水滴灌，密闭熏蒸3~5d，揭膜后敞气5d以上。

七、适期定植

结合温室内外界气候特点和黄瓜生长发育规律及市场黄瓜价格走势,冬春茬以10月中旬至下旬定植较为适宜,日历苗龄30~35d。

八、多重覆盖

采取"地膜+小拱棚+二道幕+棚膜+棚周围挡"的多重覆盖方式,可以将塑料大棚安全定植期提前15~20d。提前20d扣膜封棚、提前10d整地作畦、提前7d造墒提温、提前2d多重覆盖、定植后夜间多重覆盖并围挡草帘。吊蔓前采用对接方式进行畦面覆盖。

九、高畦栽培

采用高畦栽培,畦高30cm,上台面宽30cm(单行定植两侧吊蔓)至60cm(双行定植),下台面宽60cm(单行定植两侧吊蔓)至80cm(双行定植),沟宽80cm。

十、合理密植

栽培密度以3 500株/亩较为适宜。

十一、地膜覆盖

选用黑色或银灰色地膜,日光温室冬春茬生产延迟到根瓜坐住后覆盖、塑料大棚早春茬生产宜定植前至少2d完成覆盖。

十二、棚室环境管理

（一）温度管理

定植后缓苗阶段，于高温强光时段适当遮阳；12月中旬至翌年2月下旬，确保棚膜清洁，尽量增加光照（连阴后骤晴要注意适当遮阳）；3月以后，中午高温强光时段注意遮阳。

（二）湿度管理

采用膜下灌溉、病虫害烟剂/粉尘剂防控、大行间锯末或稻壳覆盖等方式防范棚室空气相对湿度过高。通过通风措施来降低棚室空气相对湿度，在棚室湿度过高时，于上午当棚温达到28℃时开始通风，温度下降到22~23℃时及时关闭通风口。在寒冷的冬季，不要求每天通风，一般3~5d通风1次。

（三）二氧化碳施肥

应用吊袋式二氧化碳气肥或气瓶等方式进行二氧化碳施肥。

十三、移位落蔓

进入抽蔓期及时吊蔓，保持小行距40cm，植株生长点超过吊绳拉丝10cm左右时择下午采用移位落蔓方法及时落蔓，同时疏除基部老叶、病叶、侧枝和畸形果，生长点以下保留叶片15片。落蔓后保持植株功能叶片量不低于12片，基部叶片不拖地。

十四、水肥一体化

应用比例施肥泵注肥、膜下滴灌的水肥一体化技术，采用滴灌灌溉方式。定植水要浇透，一般亩灌溉量25m³左右，达到畦面均匀湿润，沟内无明水；缓苗水一般亩灌溉量6~8m³（若土壤不明显缺水可不浇）；开花坐果期根据土壤湿度、植株长势和天气情况进行水肥管理，根瓜膨大时浇水15~20m³/亩，7~10d后再灌溉1次，结合浇水滴灌追施水溶肥4~5kg/亩；12月中旬至翌年2月下旬，视天气情况，一般15d左右灌溉追肥1次，亩灌溉量20~25m³，追施水溶肥8~10kg，进入3月灌溉频次逐渐调整到7~10d灌溉1次、4月以后逐渐调整到7~5d灌溉1次，每次亩灌溉量20m³左右，追施水溶肥4~5kg。

十五、病虫害综合防控

该茬口黄瓜生产主要病虫害有霜霉病、灰霉病、白粉病、黑星病、角斑病、蓟马、蚜虫等。在进行药剂防治时要优选烟剂、粉尘剂，以免进一步加大棚室空气相对湿度而加剧病害发生和蔓延。

十六、适时采收

瓜条达上市标准后，择上午早间及时采收，整修分级上市，注意严格落实"农药安全间隔期"制度。

参考文献

白玉瑞，2021. 大棚黄瓜病虫害防治与种植技术探讨[J]. 中国农业文摘：农业工程，33（1）：95-96.

陈慧明，刘晓红，1999. 黄瓜[M]. 海口：南方出版社.

陈修斌，蒋梦婷，尹鑫，等，2021. 水氮配施对绿洲温室黄瓜氮素代谢及产量品质的影响[J]. 土壤与作物，10（1）：79-90.

程伯英，2001. 黄瓜[M]. 太原：山西科学技术出版社.

崔兴华，张有为，孟攀奇，2023. 黄瓜新品种示范及生产技术推广模式的研究[J]. 农业知识（1）：18-20.

《大彩生活读库》编委会，2012. 中国居民食物营养速查全书[M]. 福州：福建科学技术出版社.

官春云，2017. 黄瓜结实器官与产量形成[M]. 北京：科学出版社.

管西林，2021. 北方设施黄瓜生产体系养分负荷削减及其评价[D]. 北京：中国农业大学.

胡立勇，丁艳峰，2008. 作物栽培学[M]. 北京：高等教育出版社.

惠成章，刘术均，刘爱群，2023. 新时期我国黄瓜产业高质量发展研究[J]. 农业科技与装备（6）：85-87.

刘传云，管西林，邹春琴，等，2020. 不同有机物料对设施黄瓜生长及土壤性状的影响[J]. 农业环境科学学报，39（2）：360-368.

宋效宗，林海涛，张玉凤，等，2015. 不同用量硅钙镁钾肥对设施黄瓜长势、产量及品质的影响[J]. 山东农业科学，47（12）：

49-52.

孙玉河，李文琴，马德华，2003. 我国黄瓜生产的现状、问题和发展趋势[J]. 天津农业科学（3）：54-56.

万述伟，张守才，赵明，等，2012. 设施栽培黄瓜的氮磷钾肥料效应研究[J]. 中国土壤与肥料（5）：44-49.

王惟恒，王君，2011. 黄瓜妙用[M]. 北京：人民军医出版社.

徐启新，1990. 黄瓜[M]. 北京，科学技术文献出版社，重庆分社.

喻华，陈琨，曾祥忠，等，2020. 两种氮肥对黄瓜产量和品质以及氮效应的影响[J]. 北方园艺（9）：55-60.

赵文，2022. 黄瓜栽培的现状及其发展趋势[J]. 智慧农业导刊，2（3）：32-34.

ANDREINI C, BERTINI I, 2012. A bioinformatics view of zincenzymes [J]. Journal of Inorganic Biochemistry, 111: 150-156.

CUI B, NIU W, DU Y, et al., 2020. Response of yield and nitrogen use efficiency to aerated irrigation and N application rate in greenhouse cucumber [J]. Scientia Horticulturae, 265: 109220.

EL-MAGEED T A A, SEMIDA W M, TAHA R S, et al., 2018. Effect of summer-fall deficit irrigation on morpho-physiological, anatomical responses, fruit yield and water use efficiency of cucumber under salt affected soil[J]. Scientia Horticulturae, 237: 148-155.

GALLARDO M, PADILLA F M, PEÑA-FLEITAS M T, et al., 2020. Crop response of greenhouse soil-grown cucumber to total available N in a nitrate vulnerable zone [J]. European Journal of Agronomy, 114: 125993.

GUAN X, LIU C, LI Y, et al., 2022. Reducing the environmental risks related to phosphorus surplus resulting from greenhouse cucumber production in China [J]. Journal of Cleaner Production, 332: 130076.

GUO R, LI X, CHRISTIE P, et al., 2008. Seasonal temperatures have more influence than nitrogen fertilizer rates on cucumber yield and nitrogen uptake in a double cropping system [J]. Environmental Pollution, 151（3）: 443-451.

LIU B, WANG X, MA L, et al., 2021. Combined applications of organic and synthetic nitrogen fertilizers for improving crop yield and reducing reactive nitrogen losses from China's vegetable systems: a meta-analysis [J]. Environmental Pollution, 269: 116143.

SOLAIMAN Z M, SHAFI M I, BEAMONT E, et al., 2020. Poultry litter biochar increases mycorrhizal colonisation, soil fertility and cucumber yield in a fertigation system on sandy soil [J]. Agriculture, 10（10）: 480.

ZHANG H, CHI D, WANG Q, et al., 2011. Yield and quality response of cucumber to irrigation and nitrogen fertilization under subsurface drip irrigation in solar greenhouse [J]. Agricultural Sciences in China, 10（6）: 921-930.

ZHANG X, CAO Y, TIAN Y, et al., 2014. Short-term compost application increases rhizosphere soil carbon mineralization and stimulates root growth in long-term continuously cropped cucumber [J]. Scientia Horticulturae, 175: 269-277.